中国花梨家具图考

找寻遗失在西方的中国史

[德]古斯塔夫·艾克
著

赵省伟
主编

黄忆
译

北京日报出版社

图书在版编目（CIP）数据

中国花梨家具图考 / (德) 古斯塔夫·艾克著；黄
忆译. -- 北京：北京日报出版社，2024.5
（西洋镜 / 赵省伟主编）
ISBN 978-7-5477-4519-9

Ⅰ. ①中… Ⅱ. ①古… ②黄… Ⅲ. ①木家具－中国
－明代－图集Ⅳ. ①TS666.202-64

中国国家版本馆CIP数据核字(2023)第005776号

出版发行：北京日报出版社
地　　址：北京市东城区东单三条8-16号东方广场东配楼四层
邮　　编：100005
电　　话：发行部: (010) 65255876
　　　　　总编室: (010) 65252135
责任编辑：卢丹丹
印　　刷：三河市兴博印务有限公司
经　　销：各地新华书店
版　　次：2024年5月第1版
　　　　　2024年5月第1次印刷
开　　本：787毫米×1092毫米　　1/16
印　　张：14
字　　数：280千字
印　　数：1—2000
定　　价：158.00元

「出版说明」

《中国花梨家具图考》(*Chinese domestic Furniture in Photographs and Measured Drawings*)一书为德国人古斯塔夫·艾克(Gustav Emil Wilhelm Ecke)所著,初版于1944年面世,是第一部关于中国古典家具的学术专著,也是明式家具研究的开山之作。

一、《中国花梨家具图考》原书英文,主要由导语、图版两部分构成。导语包含艾克对不同用途家具的源流及演变的研究,还有对家具材料、饰件等问题的探讨,图版包含122件家具样例的照片,其中21件含有作者与杨耀绘制的测绘图。此外,导语之前有作者致谢,导语之后有参考文献表、家具中文名说明及样例表。

二、为方便读者阅读,本书保持了原书参考文献和图版的编排方式,参考文献均以罗马数字表示,图版角部标注图版号与样例号。

三、感谢常州工学院艺术与设计学院副教授叶公平老师为本书作序 ——"艾克在华交游考",本序言原为《德国人艾克民国时期在华交游考》,现经过作者同意,加入了其所写《鲁迅日记中的两位德国收藏家》(刊于《新文学史料》2014年第2期)中与艾克有关的部分内容,稍做修改,合为一篇。该序言所有注释均为原注。

四、由于能力有限,书中个别人名无法查出,便采用音译并注明原文。

五、由于原作者所处立场、思考方式以及观察角度与我们不同,书中一些观点跟我们的认识有一定出入,为保留原文风貌,均未作删改。但这不代表我们赞同他们的观点,相信读者能够理性鉴别。

六、由于资料繁多,统筹出版过程中不免出现疏漏、错讹,恳请广大读者批评指正。

编者

艾克在华交游考

近代德国来华艺术史学者艾克（Gustav Emil Wilhelm Ecke，1896—1971，又名艾锷风）是世界上对中国传统物质文化，特别是中国古典家具进行学术研究的先驱，其英文著作《中国花梨家具图考》是世界上第一本关于中国古典家具的学术专著。

目前关于艾克的主要英文传记资料是他妻子曾佑和1991年发表在香港《方向》（*Orientations*）第11期的一篇文章，现摘译事实陈述部分如下：

艾克1896年6月13日出生于德国波恩。他的朋友中有不少是德国表现派画家，他也受到流亡德国首都的俄国构成派画家的影响。艾克不仅是受到了完整训练的欧洲艺术史学者，而且他思想自由，眼光敏锐，有很好的鉴赏力。他在1922年完成了关于法国第一个超现实主义艺术家查尔斯·麦里森（Charles Meryon，1921—1868）的博士论文。1923年应邀来厦门大学担任欧洲哲学教授。他在厦门大学执教五年，直至1928年应聘到清华大学。

尽管艾克1933年曾经去巴黎在集美博物馆和卢浮宫工作，但是欧洲兴起的法西斯主义使得他选择重返中国。在北京辅仁大学任教时，他与其他汉学家一起创办了著名的汉学期刊《华裔学志》（*Monumenta Serica*），并且担任该刊物的第一任艺术编辑。他还是中国营造学社的研究员。

19世纪30年代，中国少有规范科学的考古发掘，地面上的早期木制建筑物很少能保持原初的状态。石头建筑虽不能完全代表中国建筑的主流，却相对变化较少。艾克在这个领域的第一本出版物《泉州双塔》（哈佛大学出版社，1935年）主要根据他对福建泉州的北宋塔的研究写成。他也测量了能够接触到的河北和山东的辽金石塔。但抗战爆发使得他的发现只有一小部分得以在《华裔学志》上发表。

在19世纪30年代和40年代，艾克开始把他对木建筑结构的研究扩展到中国家具。他收藏了一些上等家具，侧重硬木家具，并选择了一些样本来阐明中国手工艺最上乘的成就。战前北京的家具市场很小，经济形式每况愈下，绝望的店主把珍贵的家具拆开，做成小的可以卖得出去的家具。有些人也把旧家具当木材来抵御寒冬。在这期间，艾克把他收藏的家具拆开，做精确的测量，并且绘制零部件的图片。由于缺乏参考书、资金、印刷设施和技术支持，《中国花梨家具图考》的出版延迟了十年之久，但这本书最终成为供全世界制作高级家具的木匠和鉴赏家参考的典范。

1945年，艾克与艺术家、学者曾佑和在北京结婚。三年之后，他应邀重返厦门大学任客座教授一职。1949年，艾克夫妇离开中国去了夏威夷。1950年至1966年，艾克担任檀香山艺术学院亚洲艺术馆馆员，退休后担任顾问直至去世。同时，他还是夏威夷大学艺术系的亚洲艺术史教授，直至1966年退休。从1966年到1968年，他担任德国波恩大学客座教授。1968年，艾克夫妇返回夏威夷。1971年12月17日，距离中美建交仅差几个月，艾克去世。

他长期在华生活和工作，先后任教于厦门大学、清华大学和辅仁大学，与中国近代文化名人鲁迅、陈衍、陈梦家、瞿宣颖、邓以蛰、徐悲鸿、冯至、季羡林、容庚、刘若愚、唐君毅等都有交往。

一、艾克与鲁迅

19世纪20年代，鲁迅与艾克都曾任教于厦门大学，二人做过同事，鲁迅在1926年11月22日致陶元庆的信中说：

> 这里有一个德国人，叫Ecke，是研究美学的，一个学生给他看《故乡》和《彷徨》的封面，他说好的。《故乡》是剑的地方很好。《彷徨》只是椅背和坐上的图线，和全部的直线有些不调和。太阳画得极好。[①]

鲁迅日记中也对艾克有所提及：

1926年12月24日：
赠艾谔风、萧恩承英译《阿Q正传》各一本。[②]
1927年1月13日：
晴。上午艾谔风、陈万里来。
1927年1月14日：
夜艾谔风来并赠其自著之《Mr. Meryon》一本。[③]

二、艾克与冯至、徐悲鸿

《冯至全集》不仅收录冯至的著作，亦收录其译著，但笔者在研究艾克时发现《冯至全集》未收录的冯至译文一则。

冯至先生曾在1948年将艾克写在徐悲鸿收藏的《八十七神仙卷》上的一则德文题跋翻译成中文，并且以毛笔书写出来附在《八十七神仙卷》上。北京大学艺术学院李松教授曾提供北京徐悲鸿纪念馆藏《八十七神仙卷》后附的艾克德文题跋及冯至译写的中文译文。

冯至译文如下：

> 歌德说："女子是银盘，我们在盘内放置金苹果。"这位最后的女性赞美者若见到这样

---

①鲁迅，《鲁迅全集》第十一卷，人民文学出版社，2005年，第628页。
②鲁迅，《鲁迅全集》第十五卷，人民文学出版社，2005年，第651页。
③鲁迅，《鲁迅全集》第十六卷，人民文学出版社，2005年，第3页。

丰满的优美,不知将作何感想。这行列中的形体仿佛不可接近,有如彼罗·德拉·弗兰西斯卡的女像,超乎尘凡;有如吉瓦尼·达·非所勒的天使,可是又这样女孩子气,一如年少宫女的身份。他们在潇洒的仪态中隐藏起一种对于过分严肃的显贵们的颦笑。

审定这幅图我们有待专家。更引我们眷注的却是这人物的内容。这里,中国的女性在她们晴空的谜里出现,但同时又具有不可比拟的真实。这里,头随着头形成波浪的交替,脸随着脸形成各种高贵的特征。仙手或垂或扬,衣衫遮着玉体,作出柔软而多绉的飘荡。

可是,不只是一般中国的女性在这里向我们显现。这是古典的唐代的女性灵化于雄厚的线条、崇高的韵律中。这笔法曾经使吴道子名字成为不朽。顾恺之的仕女似乎还被于古朴的风范所拘束。魏代龙门宾阳洞大规模的信士浮雕则被浓重佛教信仰所影响。但在这里,一个唐代文化的天才显出尊严而轻浮,神智而沉醉于官感,虔诚而热望于生活。这里还表扬着那已经沉没的帝都的特质。我们想象那里高耸的浮图与无边的寺院,多荫的园林与美梦的厅堂中住着如仙的女子、神秘的僧侣与陶醉的诗人。这里也鸣响着那雄伟的长安的灵魂。画家与诗人的长安市充满琴笛、银盘与金苹果。

这里,我们能以观赏一幅爽人心目的名画。这幅可贵的手卷由于一位大师而免于湮没,并且他的友人得有良缘展阅。我们祝福徐悲鸿大师,向他致谢!并且在一个不可知的将来前我们念及史推芳·盖欧尔格的警句:

> 你们要满足旧日的苦难,
> 往日的光送来迟暮的施予,
> 精灵们永久在扬着风帆,
> 回到梦幻与传奇的地域。

艾克,一九四八,三月,北平

冯至译

冯至是中国近现代最重要的诗人之一,同时也是著名的德语文学研究者。冯至早年在北京读书时寄居在从事绘画的堂舅朱受豫家中,学到不少有关绘画的知识。[①]冯至在德国留学期间,主修德语文学,副修哲学和艺术史。[②]冯至亦喜欢收藏画册和艺术品。[③]1936年春,冯至担任中方常务干事的北平中德学会举办了一次"德国绘画展览会",冯至为此写了一篇介绍德国宗教改革时期著名画家丢勒(Albrecht Dürer,1471—1528)的文章。[④]冯至在《纪念鲁迅要扩大鲁迅研究的领域》一文中指出:鲁迅的美术活动在他的一生中

---

① 冯至,《冯至全集》第十二卷,河北教育出版社,1999年,第353、620—621页。
② 冯至,《冯至全集》第十二卷,河北教育出版社,1999年,第282、353页。
③ 冯至,《冯至全集》第五卷,河北教育出版社,1999年,第261页。
④ 姚可崑,《我与冯至》,广西教育出版社,1994年,第53页;冯至,《冯至全集》第八卷,河北教育出版社,1999年,第87页。

没有停止过。①其实冯至本人对艺术和艺术史亦有兴趣。

冯至从德国留学回国后一度担任北平中德学会中方常务干事，而艾克常常参与中德学会的活动。②冯至在1947年11月2日致德国友人鲍尔（Willy Bauer，1908—1989）的信中亦提到艾克。③

艾克的博士论文研究的是一位法国艺术家。艾克亦曾在法国居住，会说法语。徐悲鸿曾经留学法国，亦通法语。根据徐悲鸿纪念馆藏《八十七神仙卷》后的艾克德文题跋，可推断两人亦有交往。

从艾克德文题跋也可以看出艾克是近代德国诗人史推芳·盖欧尔格（Stefan George，1868—1933）的崇拜者。

-------- 三、艾克与邓以蛰 --------

邓以蛰是近代著名的美学家、美术史学者和鉴藏家。邓以蛰曾经给艾克收藏的《张篁村画册》写过题跋。④艾克在《中国花梨家具图考》一书中称邓以蛰为"故友"，可因邓以蛰传世著述太少，全集仅薄薄的一册，亦未闻有日记或书信集出版，无从深入探究其与艾克的交游。

-------- 四、艾克与季羡林 --------

艾克是季羡林在清华大学的德语教师。季羡林在《我的老师们》一文中这样介绍艾克：

艾克（Ecke）德国人，讲授"第二年德文""第四年德文"。他在德国大学里学的大概是"艺术史"，研究中国明清家具，著有《中国宝塔》一书，他指导我写学士论文《The Early Poems of Holderlin》。⑤

季羡林在《清华园日记》中也多次提到艾克。

1932年9月12日：

我还想旁听Ecke的Greek和杨丙辰的Faust。

1932年9月15日：

早晨跑到一院去旁听Greek，只有一个女生在教室里，我没好意思进去，Ecke也终于没来。

1932年9月20日：

德文艾克来了，决定用Keller的Romeo und Julia auf dem Dorfe。

①冯至，《冯至全集》第四卷，河北教育出版社，1999年，第228页。
②[德]傅吾康，《为中国着迷——一位汉学家的自传》，欧阳甦译，社会科学文献出版社，2013年，第74—75页。
③冯至，《冯至全集》第十二卷，第194页。
④邓以蛰，《邓以蛰全集》，安徽教育出版社，1998年，第337—338页。
⑤季羡林，《清华园日记》，江苏文艺出版社，2013年，第8页。以下相关引文分别出自该书第30、33、37、39、56、82、85、92、108、112、120、143、161、164、272页。

1932年9月23日：

过午，第二次Ecke开始进行功课。Keller文章写得不坏。

1932年10月24日：

过午因Ecke请假，只旁听一堂Winter。Ecke真是岂有此理，据说害痢疾，大概又是懒病发作了罢。

1932年12月7日：

下德文后，问Ecke，他说Hellingrath和Seebass合辑的全集已绝版，但能买到second hand，晚上遂写信到Max Hossler，问是否可以代买。

1932年12月12日：

上德文，钟打十分钟后无Ecke，于是便去找杨丙辰闲扯。回屋问Herr陈，才知道今天Ecke来了，但是我们的班他为什么不去呢？去晚了吗？

1932年12月26日：

上德文时同Ecke谈到明年是Holderlin的死后九十年纪念，我希望他能写点东西，我替他译成中文。他说，他不敢写Holderlin，因为Holderlin是这样的崇高，他写也写不出。他介绍给我Stefan George的东西，说Stein那儿有。

1933年2月27日：

过午Ecke第一次上课，我问了他许多关于S. George的问题。

1933年3月16日：

昨天Ecke介绍许多德文书，可惜我的德文泄气，不能看得快，非加油不行。

1933年4月10日：

上德文，把Holderlin拿给Ecke看，他大高兴。

1933年4月11日：

能有这么一部Holderlin全集，也真算幸福，我最近觉到。无怪昨天Ecke说："你大概是中国第一人有这么一部书的。"

1933年7月3日：

早晨忽然接到艾克的通知，说他到济南来了，叫我去找他，陪他去逛。

我到瀛洲旅馆去找到了他。先请他吃饭（唐楼），陪他到图书馆，因为是星期一，锁了门，费了半天劲，才弄开的，各处逛了逛，替他详细解释。又请他逛了个全湖，对张公祠的戏台大为赞赏。他说他预备到灵岩寺去工作，同行者尚有杨君。

1933年8月23日：

今天我同田德望合请艾克，地点是西北院，菜是东记做的，还不坏。

1933年8月29日：

最近我忽然对Sanskrit发生了兴趣，大概听Ecke谈到林藜光的原因罢。

1934年8月1日：

在艾克处吃了饭，谈了半天，他送我一张Apollo的相片，非常高兴。

五、艾克与王世襄

王世襄是研究家具的大家，其实他对家具的兴趣也受到了艾克的影响。王世襄说：

刚才他说到一个德国人艾克，还有一个人杨耀。杨耀这个人很了不起，他出生很贫寒，父亲是打小鼓叫卖的。他自学成才，后来变成一个总工程师。经过是怎样的呢？他给邮政局画地图，画完地图之后，刚好盖协和医院，公司发现有这么一个画图员，很小心很仔细，就把他请去画协和的工程图，从那时候起，他就学会了工程制图，一直到后来到兰州成了总工程师。为什么他会搞家具呢？就因为他帮艾克画图，这画家具是从艾克那儿学来的。艾克对明式家具也有功劳，他早年是辅仁大学的教授，我在上学的时候就认识了。我对家具感兴趣也跟艾克有关系。杨耀虽然是自学成才，他的英文底子、中文底子到哪个程度，他的成就也只能到哪个程度，所以他能写几篇文章引起人注意已经是不错的了。艾克有西洋的眼光，他好就好在大家都还不注意明式家具的时候他能看到明式简洁的美，不过他是个德国人，他在材料的运用、到民间去了解这些方面，不可能做到像一个中国人一样。所以我在他之后，作为一个中国人，我做这工作一定要超过他，比他更好，我有这个志愿，到处搜集，查古书。我认为知识的来源一个是实物，一个是工匠的制作，第三个是文献，文献有时候是不可靠的，有时候文献要被实际调查所否定，所以要多方面结合才能了解真谛。[1]

1948年6月至1949年8月王世襄赴美国和加拿大游历考察博物馆期间，随身携带的参考书就有艾克编的《中国花梨家具图考》。[2]

六、艾克与容庚

2019年夏天出版的《容庚北平日记》中有不少关于艾克的记载。

1938年11月10日：
晚洪煨莲请食饭，德人艾克在座。

1938年11月13日：
四时回家。八时艾克来谈。

1938年11月19日：
艾克请往其家中观画。六时回家。

---

①张中行等，《奇人王世襄：名人笔下的俪松居主人》，三联书店，2007年，第332页。
②王世襄，《王世襄自选集·锦灰不成堆》，三联书店，2007年，第89页。

1944年11月23日：

上午至现代图书馆、东安市场，访艾克、曾幼荷。

1944年11月30日：

下午访艾克。

1945年1月3日：

访于思泊、秦裕、杨宗翰、曾幼荷、艾克。

1945年1月27日：

下午艾克、曾幼荷来阅画。

1945年2月4日：

下午访曾幼荷，将与艾克结婚，赠以画一幅。

1945年3月13日：

访高名凯、艾克。

1945年3月27日：

艾克、曾幼荷来。

1945年6月5日：

访秦裕、艾克。

1945年7月3日：

早访启功、艾克、秦仲文。

1945年10月7日：

艾克请午饭。

1946年2月7日：

顺访艾克，又访秦裕、于省吾未遇。[1]

---- **七、其他** ----

陈梦家曾经以"梦甲室"为笔名，给艾克为德国驻华大使陶德曼（Oskar Trautmann，1877—1950）收藏的青铜器编写的图录《使华访古录 —— 德国陶德曼藏器》（*Früe chinesische Bronzen aus der Sammlung Oskar Trautmann*, 1939）写过书评，发表在《图书季刊》1940年新2卷第1期上。陈梦家后来收藏的有些明代家具是艾克的旧藏，估计两人亦有交往。近代文化名人瞿宣颖（瞿兑之）1942年在北平《中和月刊》第3卷第12期发表了一篇对艾克所编写的《使华访古录 —— 德国陶德曼藏器》的书评，艾克与瞿宣颖亦

---

①以上相关引文分别出自：容庚，《容庚北平日记》，中华书局，2019年，第555、556、747、748、752、754、755、759、760、770、779、792页。

相识。艾克与陈衍亦有交往，陈赠以五律，艾克则为陈摄影寄回国刊布，戴密微（Paul Demiéville, 1894—1979）通过艾克才结识陈衍。[①]艾克在华期间与近代来华瑞典艺术史家喜龙仁（Osvald Sirén, 1879—1966）和爱沙尼亚梵文学者钢和泰（Alexander von Staël-Holstein, 1877—1937）有交往。根据艾克1947年11月11日和19日致喜龙仁的两封英文信函，他曾在北平为喜龙仁购买中国古画。他还曾参加钢和泰组织的梵文和佛经研读班，而参与这些研读班的还有陈寅恪和史克门（Laurence Sickman, 1906—1988）等人。[②]艾克还与近代来华的英国作家艾克敦（Harold Acton, 1904—1994）有交往。[③]德国汉学家傅吾康（Wolfgang Franke, 1912—2007）的回忆录《为中国着迷 —— 一位汉学家的自传》（Im Banne Chinas. Autobiographie eines Sinologen, 1995, 1999）对艾克在华交游活动亦有提及。[④]1957年2月，唐君毅在当时任教于香港大学的中国文学研究家刘若愚（James J.Y. Liu, 1926—1986）的介绍下，在夏威夷檀香山见到了艾克，并且与艾克在檀香山艺术学院参观。唐君毅称彼处藏中国画甚多，并称艾克能说中国话。[⑤]刘若愚为北平辅仁大学1948年毕业生，在北平时肯定与艾克比较熟悉。

叶公平

①桑兵，《国学与汉学：近代中外学界交往录》，中国人民大学出版社，2010年，第61页。
②叶公平，《喜龙仁在华交游考》，《美术学报》2016年第3期；王启龙：《钢和泰学术年谱简编》，中华书局，2008年，第117—118页。
③艾克敦，《唯美主义者回忆录》（Memoirs of an Aesthete），费伯出版社（Faber and Faber Ltd.），2008，第326、327、400页。
④[德]傅吾康，《为中国着迷 —— 一位汉学家的自传》，第68、75、84、85、89、107、108、163、172页。
⑤唐君毅，《致廷光书》，吉林出版集团有限责任公司，2015年，第228页；唐君毅，《唐君毅日记：一九四八——一九六三》，吉林出版集团有限责任公司，2014年，第159页。

致 谢

感谢为我提供信息资料的各方人士，有赖他们帮助，这本关于中国家具的书才得以出版。20年前，我到福建旅游时，第一次领略到了中国家具之美，那时西方对中国家具还知之甚少。几载后，我与老朋友邓以蛰重逢，他北京的家中没有追赶时髦的装潢，而是摆放着明式家具，再次激起了我对中国家具的兴趣。

我有幸结识了杨耀，这位艺术家兼绘师在以线条诠释中国家具的灵魂方面堪称天才；还有北京协和医学院校长胡德恒[1]，感谢他允许我阅读其木作相关文章手稿；美国贸易委员会委员保罗·P. 斯坦托夫（Paul P. Steintorf）为我提供了殖民地木料的信息；静生生物调查所的胡先骕[2]主任帮助鉴定了中国木种；德川生物学研究所所长服部广太郎[3]帮助检测了一份明式家具的木料样本；北京辅仁大学的布吕尔博士（W. Bruell）对金属饰件进行了分析。

感谢所有允许我测量他们家具的人，给他们带去诸多不便，他们的名字列于样例表中。其中尤其要感谢罗伯特·德拉蒙德与威廉·德拉蒙德[4]，他们对家具的热切兴趣为本书的样例集及很多北京民家增光添彩。

我还要感谢辅仁大学的威廉·菲茨吉本（William Fitzgibbon）教授和方志彤[5]先生分别帮我校正了英文文稿与参阅部分。杨宗翰先生亲书的中文题名，成就了本书与众不同的标题页。还有出版人亨利·魏智[6]，承蒙他的倾力帮助及鼓励，这本书才得以冲破重重难关面世。

最后是鲁班馆的师傅们，他们的手艺与传统技艺使我受益匪浅，叫我钦佩。我要在此表达我的感激与敬重，祈愿他们源远流长的高超手艺能幸免于机器工业的冲击。

艾克
北京辅仁大学
1944年6月

插图1

①胡德恒（Henry S. Houghton，1880—1975），1907年受美国传教会聘请，来华行医，先后工作于芜湖教会医院、北京协和医学院等。—— 译者注
②胡先骕（1894—1968），植物学家、教育家，中国植物学奠基人，中国第一个生物学系创办者之一。—— 译者注
③服部广太郎（1875—1965），日本生物学家，1923年起任德川生物学研究所所长。—— 译者注
④罗伯特·德拉蒙德（Robert Drummond）、威廉·德拉蒙德（William Drummond），20 世纪上半叶活跃于北京的家具古董商。—— 译者注
⑤方志彤（1910—1995），中韩混血，汉学家、比较文学家，曾任教于辅仁大学、清华大学、哈佛大学。—— 译者注
⑥亨利·魏智（Henri Vetch，1898—1978），法国人，曾于北京经营外文出版社与书店。—— 译者注

中國花梨家具圖考

艾克 撰著

楊宗翰署耑

目录

图版目录

有牌位与画像的福建泉州朱氏祠堂；16世纪。（注意面板的挖空部分、棂格及简单平常风格的家具；作者拍摄，1927年）

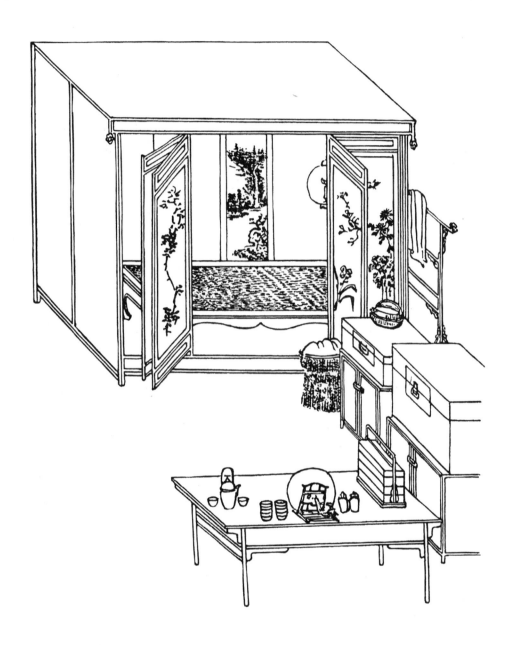

卷首图

插图2（XXVII^①）

①文中的罗马数字均为参考文献序号。—— 原注

导　语

近乎节制的简洁、形式上的坦率坚固，传达出材料的内在品质，展示了东方美学永恒的美德。

—— 勒内·格鲁塞[①]，《甘肃新石器时代陶器》（XVI）

引言

中国家具经历了多次审美趣味变迁，却仍保留着过去的结构特点，最初的尊贵优雅也未完全消失，一直延续到了这个传统日渐衰落的时代。中国家具对中式厅堂（插图2）对称性的遵循，表明其形式可能在中国文化发轫之时就已经出现（VIII、XXVIII）。

精美的木雕与漆木家具也同样拥有这些特质（VI、XXXIII），可因光素的硬木家具更强调结构，表现尤为明显，本书的样例就从后者中进行了挑选，选择了一些在木料使用或传统纹样诠释上能体现出中国人创造精神的物件。中国家具装饰节制、摒弃矫饰，这种理性让其更富生命力与合理性（卷首图）。纯净性、外秀内刚和完美的抛光是中国家具的主要美学魅力。

对崇尚安妮女王风格[②]及类似建构风格的西方装潢家来说，中国家具的以上特质将颇有吸引力。苏州木匠们在家具的功能性节点上倾注了对木性的尊重以及对直线、曲线、立体比例的控制，这之中蕴藏的中国家具制作原则，在18世纪早期成为英国家具工匠的典范，并被借鉴学习。

关于中国家具历史的资料浩如烟海。除文字记录外，还有商代文字中的象形字（前12世纪之前）、商周青铜器（前3世纪之前）、汉代遗址里的家具残片（前3世纪至3世纪）、中亚及黄河流域的考古发现、早期佛像底座、从汉至郎世宁及帝国末期的石雕与绘画，以及尤为重要的，日本奈良宝库正仓院中保存的精美唐代家具（7、8世纪）。不过，这些家具的基本形式都所差不大，我将在后文简要介绍它们的源流与演变。

---

①勒内·格鲁塞（René Grousset，1885—1952），法国历史学家，以研究中亚和远东著名。—— 译者注
②出现于英国18世纪的家具风格，讲究造型优雅，"S"形弯腿是其特征之一。—— 译者注

箱盒结构及其台案变体

在安阳殷商文化之前很久，中国就已结束了使用粗陋器物的时期。由商代文字及青铜器可知，中国早期木作的质量并不亚于青铜器，甚至有着比青铜器更为久远的历史。实际上，有充分证据表明，两种流传至今的中国木家具基本形式早在商代就已经发展完善。

其中一种为箱盒状的台案结构。端方铜禁[①]（插图3）是此结构最重要的实例。端方铜禁大约制作于公元前1300年至公元前1000年，仿木器造型，由支撑框架围合，长边四板，短边两板。每块板上各有两个长方形装饰孔和与浮雕装饰，浮雕可能对应着木器上的髹漆图案。这件器物并未清楚表现构件的接合方式，但在一件仿制攒边木板门的周朝中期青铜器（XXIII）中，我们可以看到典型的中国家具中的龙凤榫、斜角接合[②]以及穿带面板[③]结构（图版152、153，节点1、1a、11a）。商代青铜工匠都已有如此技艺，我们或许可以假定中国的家具工匠早早便熟练掌握了斜角接合框架的做法，并懂得运用其美学价值（XIV）。

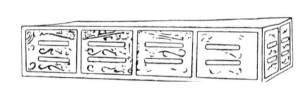

插图3（XXXIX）

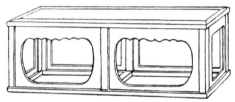

插图4（XXXVII、XLV）

箱盒结构可设定为各种大小，小到矮桌与坐具，大到会客厅中间的大榻。插图2中展示的榻，其框架面板结构和约定俗成的位置，保持了三千年，直至清末。

端方铜禁向后两千年，家具中台案的结构未尝改变，插图4展示的唐代风格复原品便是清楚的证明。不过此器物挖空部分的形状，可能是自汉起几百年中的创新，这种尖拱和壶门形状可见于诸多例证，尤以唐代为多。插图4展现的是许多变体中的一例。有时，这一形状的底边会消失，两侧的底部膨起如同腿足，直接与底框相接。唐及唐以前还可见更为简化的形式，或省略底框，或四角的立木与面板融合等（插图10），不过这些都并非主流，由分离的框架与面板两部分组成骨架才是后面几个世纪的标准形制。

大约在9世纪末期，该结构发展出新形式。尖拱有了新的样式，但壶门形状也没有消失。框架与面板原则上还可以区分开，但面板的底部永久地消失了，面板上端成了锯齿状牙板。面板两侧腿足般的底部又被改造为向两边探出不少的卷叶般的尖曲形。插图5摹

①一件被清末大臣、金石学家、收藏家端方收藏的青铜器，收录于他编撰的《陶斋吉金录》中。—— 译者注
②相接于角部的两个构件都切成斜角的连接方式，格角榫为中式家具中较为常见的斜角接合结构。—— 译者注
③一种在面板背面开燕尾形槽，再用出燕尾榫的穿带穿过的结构，一般用于面板的组合与加固。—— 译者注

自宋徽宗仿前人画作，原作大约作于10世纪，展示了一张该风格的榻，它的复杂结构呈现出混合风格，体现了台案家具发展过程的中间形态。

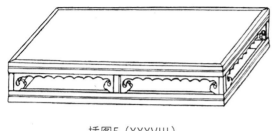

插图5（XXXVIII）

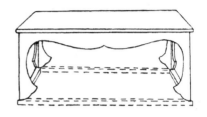

插图6（LVIII）

插图6展示了最终变化的先声，结构不再由两部分构成，框架与面板融合为一体。原来的面板成了以一定角度交于角部的两爿窄片，其外边缘保留了原有立杆的竖直边线，内边继承了原有挖空形状的曲线边缘。牙板下边缘尖拱的两侧曲线延伸到两边的支撑窄片上。底框之上，角部窄片的卷曲如张开的双翼，线条的弯曲与转折都十分大胆。这种形式应该于13、14世纪最为鼎盛（参见插图24中的脚踏），至今仍应用于漆木家具及一些摆件和青铜器的底座中。

这一时期，结构的稳定性比之前更依赖于底框，角部立木也依靠它阻挡石板潮气，底框成了之前框架面板结构中唯一保留下来的构件。到15世纪初期，底框仍有施用，那时，角部的窄片已成为方足。因底框往往很容易破损丢失，这种形式的家具遗存几乎都没能维持原貌。

一个具有早期特征的架几（图版92，样例71）角部带内框，是过去面板的残余，原来结构外部的窄条（参见插图4）变为了结实的方足。在过渡期，这种结构可能用于加固更大的榻（参见插图5）的整体结构。

插图7为一件日本的明早期家具，展现了实心腿足演变的最后一步。底框还在，台案结构四角的窄板融合为实心足，更加统合坚固。最引人注目的是，这次统合保留了面板的尖曲形足部，最后形成了中国家具工匠所称的"马蹄"（图版1），自明初以降，这便是方腿足的独有特征。不过后来，马蹄足因审美倒退，退化成了一个小卷纹（图版25，样例19）。样例27、样例28（图版40）和样例72、73（图版94）分别展示了马蹄足有张力的原样和18世纪末期时的样子。那时，旧的马蹄样式几乎被样例19中的卷纹（XLVII，多处）取代。样例7（图版8）最初是件精美的桌案，原本的腿足与样例10（图版11）相似，但近来腿部缺损了约40厘米的高度，家具商将一个略施雕刻的木头黏接在损坏的腿足上作为替代，成了一桩憾事。样例14a和样例14（图版17）展现了张开的腿足和实心马蹄足的对比，是又一个窄条转变为实心足的证据。样例6、3a（图版18）与样例110（图版137）给出了西方家具里这种马蹄足的原型的几种形式。

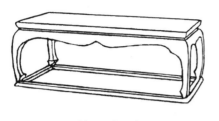

插图7（LIX）　　　　　　　　　　　插图8（图版2）

　　在其造型发展中，曲线的演变与最终形成值得关注。它脱胎于壸门曲线（插图4—6），最终成为整个结构外轮廓的一部分（插图7、8）。随着马蹄足的进化，角部外缘由原来框架与面板的直线轮廓（插图3—6）变成了与内边缘一致的曲线（图版5，样例4）。此情形在家具足部线条的发展中真实存在。较难确认的是，取名"蹄"，是否因为其是汉代常见的兽足意象的余韵（L，图版70[①]；LIV，图版48—59；LIII，第9卷，图版50，最后这例为唐变体），与中亚和古希腊–罗马紧密相关（插图9）。弯腿曲线甚至可能承自新石器时代，与鬲的造型有关。霍加斯[②]进行美学论断时曾予以关注的西方家具的"鹿蹄腿"，也诞生自西方古典原型与中国后来样式的结合。样例3与样例3a（图版3、18）与插图9中的汉代图样相似，都十分紧凑。日本桌上保留了宋及之前的纤细弯腿造型（LI，图版90）。相似的纤细腿足还出现在样例111（图版139）这件1600年前后的五脚圆几上，之后，布尔[③]等同时期西方家具大师的设计与其底端的足部造型几乎如出一辙。

　　至于中国传统的曲线处理方式，可于样例110（图版137）中得见。这件三脚圆几可能制作于15世纪，以圆形平面统合整体设计，简化到只留最重要的结构构件。纤细的腿部呈细长的"S"形，下方展开为厚重的马蹄，带榫头插入底部托泥（图版138）。连续弧形、壸门曲线以及尖角牙板赋予了其优雅的韵律和灵动的姿态。这莲花形作品的灵活、自由与纯粹在中国应是无可匹敌的，在西方当然也是如此——庞贝青铜三脚桌是其巅峰之作（XIII，插图25，也可参考插图24[④]）。

　　接下来我们还是来看长方形平面的台案结构，那是台案结构最终的平面形式。这时，底框作为原初结构上的最后遗留品还没有消失，尤其在小物件、装饰性物件或者需

插图9（XLIII）

---

① "图版70"为参考文献L中的图版，后同。——译者注
②威廉·霍加斯（William Hogarth，1697—1764），英国画家、皇家学会工艺院院士，其著作《美的分析》是欧洲美学史上第一篇建立于形式分析基础上的论著。——译者注
③安德烈-查尔斯·布尔（André-Charles Boulle，1642-1732），法国家具大师和镶嵌艺术家，深受路易十四器重。——译者注
④此处"插图25""插图24"均为参考文献XIII中插图，后同。——译者注

要利用它保持稳定的物件上依然存在（图版41，样例29）。不过，越来越多的桌榻不再使用底框，进一步的简化势在必行，对工匠们的技术也提出了更高要求。样例1、15（图版2、19）展示了一种可能的形态，台案结构变成了一种全新而独立的样貌，人们只有追溯其流变才能将它与端方铜禁联系在一起（插图3—8）。

样例1的炕几造型优雅，紫檀的张拉能力被运用到极致，曲线和比例都已登峰造极。弯腿、兽爪般的足部、隆起的外轮廓、平滑如镜的几面和其下深深的束腰，这件炕几的设计展现出醇熟的统一和对比意识，这是在早期箱盒形的框架面板结构里未曾出现的（插图3）。

而样例15的榻（参考卷首图）则应与插图2中的榻放在一起对比，二者有所渊源。这种家具一直在房间中占据重要位置，保持着最早的框架面板结构，未尝改变。经过2500年的演化，榻本身也成了建筑。

我们在图版1中以原大小①再现了该结构的足部。它展现了花梨木的特别韵味，其纹理与纤维的力量感在造型与体量上，与实心足部的支撑功能相得益彰。

这张榻在结构上独立自洽，非常完美，若加靠背和扶手，可能会叫人疑心是画蛇添足。不过，在中式台案结构上引入外来栏杆的尝试，似乎在一段时间的试验（插图24）后，得到了和谐的结果（图版20，样例16）。椅子的设计中也遇到过同样问题，并也得到了解决（IX，多处）。

榻的围栏和架子床的棂格上有着研究中国建筑之人熟知的图样。在一些大约属于明早期的物件上可以看到方格、万字等简单装饰图案，在戴谦和教授的《中国窗棂》（VII）一书中都有所涉及。花梨木家具中，不对墙的棂格面上通常都打浅洼面，其他木材根据特质不同，可能会做成混面（图版26，样例20）。图版37、38和图版153上的节点12是现在常用的棂格榫卯形式。

样例21、22（图版27、28）两张厚板围子罗汉床的对比能帮助我们了解审美的发展与变迁。样例21的罗汉床显示了对直线的偏好，并有一些或属明早期的特征（参考样例6）。腿足部的内翻更显凝重，宽大的独板围子、弧形金属饰件、完美的线条比例使其成为最具代表性的贵族家具。

样例22的罗汉床本身也叫人印象深刻，但如与前一件的设计相比，则显繁缛沉重，围子的高低变化有损纯净，笨重的足部又失庄严。腿足与床面之间的双层束腰让人想到样例73（图版94）的杌凳，足部和线脚让人想到样例29冰箱的底座（图版41）。样例5（图版6）的茶几也属同样类型，这是一件晚期作品，代表了乾隆或嘉庆风格，该风格一直延续到了帝国终结。由此我们可以推断，样例21与样例22的两张床之间有着三四百年岁月的差异。

---

①此处所指为原书图片大小。——编者注

现藏于伦敦的顾恺之《女史箴图》摹本中绘制了一个卧帐（4世纪），该图是常被人们引用复制的架子床早期图像（LVI，插图30）。此外还有一些架子床实例可见于敦煌绘画中。本书插图10中六朝（6世纪）风格的维摩诘石刻图案，则是较不为人所知的一例。该石刻中有一四柱床，床与架子相互独立，在其简洁的设计中，我们似乎可以看到明式架子床（图版29，样例23）的前兆。样例26（图版39）为一件典型拔步床，也展示了早期花梨家具的华美。

随着佛教引入，西方坐姿在中国逐渐流行。蹲踞、盘腿坐时代使用的矮桌留存了下来，在形式与功能上和欧洲桌子相类似的新形式家具也孕育而生。有图片证据显示，宋元时期的高型家具上依旧有底框。现存实例可见样例6，这可能是一件明早期件，带有完整的底框托泥。

插图10（XV）

样例6这件茶几的精巧结构是中国人的发明，腿足的轻微侧脚[1]以几难察觉的截面收缩造成（图版7）。马蹄通过一个小构件（图版154，榫卯20a）固定在托泥上，使侧脚受其限制。但它的结构之新在于腿足与桌面的连接。过去会弯曲竖直构件顶部以承接桌面，可见于早期图像，如插图17，展示了一件精确还原自唐代图像的几。我们尚不知道这种曲栅几案在元明时期是否依然存在，曲栅似乎更像是被改造成了一种新的支撑形式。若如此，那霸王枨（图版8，样例7）可能就起源于这种早期曲栅（插图17）。曲栅成为霸王枨后，以销钉固定在桌面中央的穿带上（图版154，节点18a），如插图17中的"Z"一般。只是荷载不再直接传导至底部托子，而是由霸王枨传到桌子"肩部"以下的腿足上，二者以"钩挂垫榫[2]"（图版154，节点19、19a）连接。如此一来，有效地解放了腿足与面板相接处的节点（图版154，节点3）。在样例6、7这种方形或近似方形的桌几上，四根霸王枨长到可以在穿带中心相交时，还会使用一个盖木扣上（图版7、8；图版154，节点18、18a），不但加固了节点，还能遮住中间的聚头，让整个设计更和谐（图版8下），叫人联想到木建筑放射状藻井的中央（XXVI）。霸王枨加托泥形成了非常牢靠的复合结构，这种结构在家具制作中一直存在，很是特别。样例8—11（图版9—12）展现了没有托泥的大物件，样例12、13（图版13、14）展示了霸王枨变形后的两侧支撑。

---

①在建筑与家具中，竖直构件上端向内收束、下端向外张开的做法。—— 译者注
②霸王枨与腿足的连接方式，在枨子的端部出榫，插入腿足的榫眼向上推，再在下面垫木楔固定。—— 译者注

值得注意的是，消失的托泥有时会化为一个榫出现在矮桌的马蹄下，用以保证矮桌的腿足可以立在榻面上（图版18，样例3a）。

若要尝试去掉底部的托泥，就需要参考木建筑的额枋，我们提供一张条凳（图版5，样例4）作为一早期例证。接着，在小方几上出现了一种新做法，将底部托泥提到足部以上成为一圈枨子，如样例5、70（图版6、91）所示。我们将样例5的茶几与使用霸王枨的样例6放在同一个图版上，同时呈现一件有力的明物和之后的变体。

有时，人们会为了追求纯净和节制而舍弃加固构件。样例14（图版15）这张腿足细长的琴桌就是力证，不过作为琴桌，也应当足够牢固了。这件琴桌的纯净方形模样让我们再次想起最初的端方铜禁，不过台案在历经百代后，高度增加，随着审美进步而有所改良。

尽管如此，该琴桌结构过于简单，让人忧心其牢固度。相比于拥有框架和面板的古老铜禁（插图3），它更应该铸成金属。

轭架①形结构及相关台案家具

插图11所示的木架结构，代表了中国立柱－横杆结构的原始单元。这一结构是建筑木构架与最基础的家具形式的基石，立柱通常有外展侧脚，其形式至今保持着古老的样貌并未改变。19世纪依然可能制造出商代象形字（插图12）中展现的无顶部横杆无侧脚的大门形箭架；一件正仓院的唐代衣架（插图11。参考卷首图；图版146、147，样例121、122）

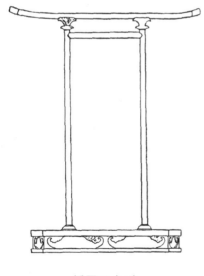

插图11（LV）

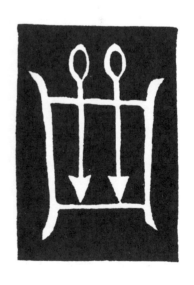

插图12（XXII）

①原文为"york rack"，在王世襄《明式家具研究》中以"⊓形木架"指代。"yoke"是指搁套在两头牛的颈部，使其能一起工作的一种木轭架，也指拥有该形状或该作用的结构。—— 译者注

同中国现代的栏栅门或日本的鸟居（IX，第40页）以及明早期的侧脚桌（插图14，样例30）差距甚小；图版56中榻形的条凳以圆足直接落地，似乎原原本本继承自商代象形字中的床；之后会讨论的侧脚橱柜也同样可以追溯到那个时候。

这些木架结构的最典型特征在其顶部。为了支撑桌凳的上部结构，会将两个木架并置，四个方向均有侧脚；两个木架以带连接，顶部横杆则成了面板的纵向构件，并加入了源自建筑的牙板（图版152，节点7、8）。

顺枨穿过立柱（插图14）或仅仅插入其中。大多数侧脚桌案的结构上没有顺枨，有顺枨则表示该家具受建筑影响更深，可能是更为早期的设计。立柱形状可能经过改良，截面不再是圆形，但这种设计最显著的特征——加强稳定性的侧脚、顶部横杆、连接用的带都还尚在。将样例6的茶几（插图13）与样例30的侧脚桌（插图14）进行对比，可看出两种基本形式的差异。箱盒形结构有托泥，而轫架形结构的桌案则无托泥，以带侧脚的腿足直接落地。

插图13（图版6）　　　　　　　　插图14（图版42）

不管是多标准化的立柱-横杆系统，都可能有很多变化，其趣味性比起箱盒形设计里曲线的演变也毫不逊色。将样例30、37（图版42、48、49）对照而看，我们就可以明白这一古老结构样式在不打破其结构约束的前提下，优雅程度之所能及。再看样例36（图版46、47）和样例40（图版51—53），两件家具均很古典，样例36结构纯净和谐，样例40形式优美，外轮廓的节奏和起伏与精巧的划分使其显得生动灵活。

最令人印象深刻的侧脚桌案可能要属样例41（图版55）。这件桌案的用材与比例都雄浑有力。传统形制与木头特性相融合（图版54），结构大气。这些桌腿的侧脚是家具承载功能最清楚的展现，向外展开的桌腿仿佛承受了巨大的压力（参考图版79）。比例的优雅消解了该样式的肃穆。

为了再展现一例轫架结构的古老血统，我们在插图15中展示了一件公元前3世纪的青铜侧脚小桌。其顶板下凹，形式与中国人如今还在使用的小凳或头枕类似。

插图15（XLVIII）

仿竹风格与立柱横杆形式紧密相关，历史可能同样久远，但结构上却没有十分相似。图版43上载有样例31与样例46，可看出二者的关联与异处。仿竹风格最突出的特质是其面板的四面匀称向外伸出，而非两边对称出头。

样例46（图版43上）与样例44（图版58）均为硬木仿竹家具，只是所仿形式不同，二者身上代表的忠实于自然的竹设计都对桌子的典型样式有所影响。样例47、48、49（图版63、64、65上）以样例46为原型发展而来，样式更适合普通家用，甚至可能被说屡见不鲜。样例44代表的形制则启发了带有原有特点的作品。在其变体中，面板的边沿线脚被箱盒形设计风格的桌案边沿替代，只是没有那么标准化。样例45的琴桌在线脚和比例上依旧遵照了竹木原型，形式却更加自由独特（图版59—62）。样例51应用了箱盒形台案的方腿足，以方格角牙代替原来的牙头（图版67），遍体直线（图版68），构架整体极为整合统一，但也不乏精致的线脚与细部切分。横竖杆件的洼面、边缘的线脚营造了光影对比变化，使这件独特家具的形态更为生动美观（图版66；参考图版65下、127、132）。

样例45的琴桌与样例51的条案展现了中国设计者的节制，他们在传统概念中融入个人喜好，使设计不至于太单调，也不会流于怪诞。

另一方面，传统的桌案也有其优点。样例52、样例53和样例54（图版69—71）与内陆地区的家具风格相似。它们腿足截面为圆形，遂属于立柱横杆结构家具，其他特征则体现出与轭架和仿竹风格的关联。这种形式的特点在于有斜向角牙，支撑四边伸出的面板。牙板也有结构上的作用，下方跟着一根坚固且造型强烈的枨子强调牙板的起伏曲线。图版70展示了这一古老结构的灵动。

支承式桌案

此部分包含三类桌案。第一类的起源可见于"几"的商朝象形文字。几，是人斜倚时的手部凭靠或放于地上及榻上的矮桌。插图16展示的商周青铜俎是这种古老结构的代表：两侧的平板足支承着顶部面板。该结构延续了上千年。在禹之鼎（约1700年）绘制的一幅文人画像中，有一学士盘腿坐于毯上，他身旁的几（LII）就是该形式后期的明式变体。样例60（图版75）的琴桌，将该结构提升到座椅高度，面板不探出，板足底部也未突出，板足有角牙（图版76），卷纹和线脚都是非常典型的早期保守设计（图版77、78）。

第二类包含样例61—68，可能源自一种现在依旧有着广泛应用的早期原型：带侧脚的四足板凳加可拆卸面板（插图15）。轭架形结构的桌案似乎是下方固定结构的定式。面板两边突出如轭，足部垂直而立，有时出于美学考虑，会保留一些侧脚（图版85）。我们展示的众多支承式桌案中，有些有精美的装饰样式，比如足部结构性外展（图版79）、大胆的透雕（图版82）或漂亮的棂格（图版81）。

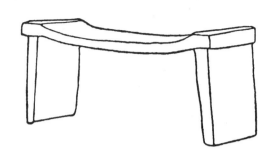

插图16（XVII）

装饰样式之中，案面边缘的翘头（图版79，右上）值得一提。朝鲜出土的汉代漆木砚案（L，图版56；图版79，左上）与唐画（插图17）中都能见到它的身影，且造型如出一辙。这种翘头兼具美观与实用价值，在侧脚桌案及门户橱等的面板之上都可以看到（图版152，节点9）。

如今很多家庭里仍有使用这种平头或翘头的条案。样例68（图版89）为一件典型平头案，大约为乾隆时期设计，贴灰色竹板，饰红木线脚。后文还会提及此案。

这种条案还可追溯至一种古老的中国几案，其使用年代自汉（LIV，图版70—73；L，图版71）至唐（插图17），到了宋代，曲栅简化为直栅。直栅桌案在日本至今仍有应用，有的略带曲度。

之前提及过这种早期形式中两侧有雀替一般的典型栅足。栅足或圆或方，下与托子榫接，上与顶面板的穿带（插图17，Z）相连。样例59（图版74下）有通透的方框形侧足，可能是古代原型的简化，而样例58（图版74上）的比例与翘头形式应该就来源于一种如今已被淘汰了的中式设计。

完整的可拆卸架几案较为少见（图版90、91，样例69、70）。因为没有可防变形的楔子和穿带，这种桌案面板需用无瑕老木。在后来老木料紧缺时，这些实木面板便成了宝库，总被用于做新的家具。

样例71（图版92）是单件架几，很可能为明早期制。这种架几也可当作置物的桌案。该方形架几的隽雅不言而喻，加上样例110、112、120（图版137、141、145）的圆几，可知中国家具工匠在方形与圆形两种构成中，可以做到的完美程度。和建筑一样，严格的径向对称为这种设计所必须。

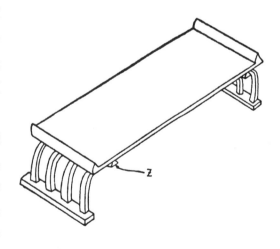

插图17（XXIX）

椅凳

样例72、73（图版94）为框架面板结构杌凳，样例74、75（图版95）为立柱横杆结构杌凳，样例76、77（图版97）为仿竹结构杌凳，它们或许代表了从中国远古家具中流传下来的三种椅凳样式。

这些椅凳原是一种方形大榻，可供一人跪坐或跏趺坐，如唐代李贞《不空金刚像》（XVIII）中所绘。佛教传入中国后的一百年间，中国流行起西方坐姿，传统中式结构上有了靠背，一些还有了扶手。随着中式椅的结构对印度—中亚地区靠背椅及扶手椅的大量吸纳（IX，第40页起），平板的中式椅凳发生演变，上文提及的三种杌凳形式被应用融合。

最初，似乎有两种主要的发展方向。一种（插图18）含建筑斗拱元素，椅子的靠背框架继承了与印度的轭形设计类似的中国传统轭形木架样式（插图11）。另一种（插图19）将印度或印度—中亚地区的圈椅改造为中国风格。

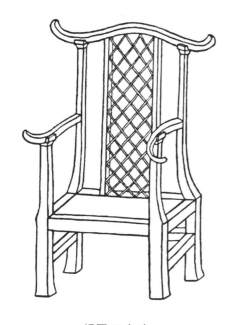

插图18（LI）

插图19（XLIV）

靠背板是改良后的中式椅的一大特征，在尚存最早的大约制作于1100年的宋件（插图20；IX，说明25）上已经完备。其结构功能显而易见，之前轭架形框架中既不舒服又不牢固的横杆被舍弃，先是如插图18的早期样式那样，有两根连接搭脑与坐面的平行竖杆，两杆之间用基础图案的柔软藤编（参考图版93上），迈出了发明靠背中间的竖直背板的第一步。于是，新椅子靠背的轭架形框架中，原本的横杆被竖直的藤编框架所取代，最后，又变成了实心的靠背板。

早在西班牙菲利普二世时期，就有一张带着靠背板和弯搭脑的中国交椅出现在西方

插图20（IX）

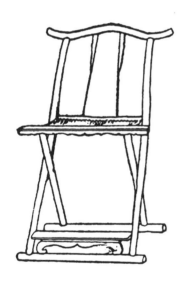

插图21（XIII）

（插图21），当时并未被效仿。但一百年后，带靠背板的椅子流行起来，成了欧洲椅子的主流样式。研究艺术史的人都熟知欧洲椅背样式的演变和后期发展。中国椅子的靠背板大多保持着其正面轮廓的平直，在侧面曲线（图版99、101、108）、木材的色泽纹理（图版102，样例80）上实现其美学追求。靠背板上偶尔可见一些装饰，比如上部奖牌形状的开光，底部的窄孔，或者嵌瘿木板，但这些都不会改变其正面轮廓（图版100，样例79）。中国椅子的靠背板上部有时会雕刻涡卷纹，两边有突出的壶门形挂牙强调，挂牙是中式靠背板正面轮廓上唯一可能出现的装饰物（图版107，样例87；参考插图21）。

样例78（图版98、99）为一含靠背板和搭脑的椅子，朴素却典型。这是常见的家用样式，经过细微改良，生产制作至今。搭脑由两个平缓的S弯组成，在颈枕的位置有一个下凹，颇似西方搬运工用的扁担[1]。靠背板的两侧有两根与靠背板一样由实木削成的曲线型竖材，与靠背板弧形保持一致。椅面下方主要的三面额外加了中间隆起的横材[2]，与牙条以小支撑构件[3]竖向相连。座椅框架背面以光素的牙条与牙头支撑。正、侧面管脚枨均有牙板加固，正面管脚枨有平踏面作脚踏。中国大多数椅榻的坐面高度都在48—52厘米之间，此椅也是如此，这样的高度可能会需要独立的脚踏，使脚远离潮湿的地面（插图2、24；图版40）。

这张椅子和本书所有带有藤屉的榻、床、凳、椅，似乎都使用着相同的藤屉安装方式，不过其中只有少部分还保留着原有藤屉。图版93中展现的样例77的杌凳修理时拍下的相连两步骤的坐面照片，以及图版154中节点26、27的细节，可以帮我们理解书中绘制的藤屉测绘图。

①西方有一种扁担形似中式椅的弯搭脑，使用时，中间隆起处架在颈后，两只手搭在左右两侧的下凹处。—— 译者注
②即罗锅枨。—— 译者注
③即矮老。—— 译者注

鲁道夫·霍梅尔博士在他的《手艺中国》（XX，第312页）中将底部棕屉①描述为一种"以棕绳编织的表面。它系在木框边缘上的方式，和我们将椅子藤面连接在框架边缘孔洞上时所用的一样"。若是更为精美的座椅，棕屉之上会有和西方椅子类似的编织图案的藤屉。藤屉和棕屉的边缘都从孔洞（T②）中穿过固定于框架的底部，再以一细木条（L）遮盖孔洞，以销钉（U）固定。一根弯曲的或刳去上部的坚固的带（V），榫接于坐面框架上，用于加固整个结构，就和西方的藤编椅一样坚固又舒适。至于西班牙和丹麦的商人是否将中国的藤编技术带到了欧洲，还有待研究。

样例79的靠背椅与样例60的琴桌相似，不止因为二者都泛着金黄色花梨的光泽，还因它们都有着过去中国装潢的保守节制。我们很容易想象在禹之鼎（LII）绘的文人房间之中出现它们的身影。比尔兹莱③和莫里斯④可能会比谢拉顿⑤还喜欢这种简洁的设计。样例81的扶手椅（图版103）比例纯粹，同样魅力十足。它代表了另一种常见的家具椅子类型，其闭合的靠背框架是西方环形靠背框架的范例（图版104、105，样例82—84）。

插图19展示的座椅造型坚固，像是一个土建木工而非家具木工的作品，之后，圆形扶手慢慢变得更加轻盈、富有想象力。在明初或更早，圈椅的比例构成已经发展完善。圆弧的椅背和扶手以"楔丁榫"（图版154，节点22、22a、22b）相接，得到了一个两头外展的连续椅圈。搭脑（插图19）被椅圈的上升坡度所替代。后腿的上截、独立的联帮棍、前腿上截支撑着椅圈。椅圈直曲构件上交错聚散的线条成就了样例87（图版107）圈椅的典雅高贵，前腿牙头处相抵的卷曲花纹在庄重沉穆中更添了一些生动。

霍梅尔曾论述过与样例88、89（图版110）息息相关的仿竹椅（XX，第309页）。这一风格被设计师亚当⑥运用于克莱顿庄园的一处卧房中，那也是进入欧洲家庭的首例中国家具（XXX），所以西方学者对一类型颇感兴趣。

侧脚橱柜及其相关设计

插图22所示的商代象形文字有可能代表了最早的竖柜的样貌，只是该柜无侧脚与柜门，底层放礼器。暹罗家具工匠使用并改良过中国式样，可能保存了这种中国淘汰了的橱柜形式；闩杆以外的竖杆向上延伸，突出橱柜顶部作装饰物（V）。如今还可以在中国的

①以棕绳编织成的软屉，常常置于藤屉之下为打底。——译者注
②此段大写字母括注为测绘图中标识。——译者注
③或许为奥博利·比亚兹莱（Aubrey Beardsley，1872—1898），英国插画家，擅长用简洁流畅的线条与强烈对比的黑白色块，影响深远。——译者注
④莫里斯（William Morris，1834—1896），英国设计师，工艺美术运动创始人。设计上擅用哥特式、自然主义的装饰，反对机械工业化的设计。——译者注
⑤谢拉顿（George Sheraton，1751—1806），英国新古典主义家具设计大师。设计风格以直线为主导地位，崇尚简约优雅的几何设计。——译者注
⑥罗伯特·亚当（Robert Adam，1728—1792），苏格兰新古典主义建筑、室内设计、家具设计师。——译者注

牌坊和商店门面上看到类似的延伸（XXV，图版6）。现存的中式侧脚橱柜没有这些顶部的延伸，但其特征同样历史悠久。因拥有简洁性和结构上的力量感，它们也是典型的中式设计。现存中式侧脚橱柜的结构体系（图版115）和侧脚桌类似，只是横枨取消，底枨下加牙板。牙板形状往往与侧脚桌上一样为直线形，但牙头的样式有时来自古老的框架面板结构（图版113；参考图版11和插图6、24）。柜门依靠一根额外的竖杆延长出的门轴旋转（图版116），和建筑中一样。成束的竖杆，有一种坚固而生动的特别效果（图版113）。

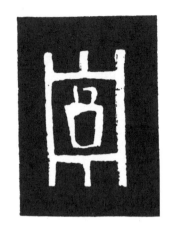

插图22（X）

样例90（图版111）是件橱柜精品，在结构设计与比例控制上都可称完美，其高脚设计与众不同，漂亮的花梨大板带来了独特的沉静魅力。

样例97（图版118）为一件门户橱，有侧脚，其实就是加了腿足与面板的储物箱。这种橱柜的缘起尚未明晰，或许与一种古老的置物箱有关，正仓院中有实物遗存（LIII，卷四，图版26），日本寺庙至今还将其用作经箱。这种结构古老，即在有侧脚的底座上放置储物箱。人们只要给箱子上加两侧带角牙的面板、缩小箱体宽度、加入四周的横杆，便能得到样例中的两个门户橱了。在所有的变体中，实际的收纳空间依旧在闷仓中（图版119，剖视图）。抽屉似乎是后期才加入原始柜箱之中的，利用了结构框架的隔层。

这种门户橱四面均做处理，遂其侧面、背面可与正面一样置于显眼位置。北京羊肉铺里会用素榆木所制的类似侧脚架作为肉案（XXV，图版24上），宽度整整占据店铺正面的一半（参考LVI），这很好地解释了"门户橱"这一名称。不过，"门户橱"只用于称呼上好的花梨家具。很多新娘的嫁妆里会包含一对门户橱。

这些家具的正面牙板均起边线，两侧通常为传统的壶门券口曲线，中间有一扇贝形分心花（图版120）。正面抽屉脸则贴类似的装饰边框，其壶门券口曲线来源于框架面板结构台案的装饰性挖空轮廓。连二橱（图版122上，样例99）与门户橱同属一类，现在还是最常见的家具之一。

方柜

样例100（图版122—124）所示的矮柜，结构简化，其平直的柜体就是一个方正的箱子。抽屉以下的横竖杆与面板正面均平齐；抽屉、侧山、背面心板低于边抹[①]，但没有损害整体的方形外观。

---

①即落堂面。—— 译者注

这种方形柜显然来源于商代象形字"匸"字所展现的最初的储物箱。为防潮，箱子被放于如插图4所示的底座上。正仓院保存有这种组合的实物（LIII，第七卷，图版19—21）。接着，其在高度上有所发展，同样藏于正仓院的一唐件（插图23），矮箱变为带门的竖柜。在朝鲜地区如今还有使用类似的带底座的柜子。接着，柜子的立柱与底座的立柱融合，并伸出腿足。最后，留有最初组合样式痕迹的代表性构件就是结构框架里的两根横杆，可见样例103（图版130）的剖视图中的"腰枨"与"底枨"。它们是之前箱子和底座的遗存（插图23）。腰枨仍然代表着原来箱子的底板；底枨取代了底座的横杆；而柜子和支架的竖杆则如前所述，融合后成了后来的腿足。

最初组合特征的又一例证或可见于顶箱的加入，由此形成组合橱柜（图版125、126）。这些低矮顶箱的立柱可能直接延伸成了腿足（图版122），由顶箱变为矮柜或抽屉柜。柜体拉高就是竖柜（图版131），还可以在其上再叠放矮柜（图版134）。这些竖柜都只有一根横枨，即底枨，底枨常饰以牙板。

两个顶箱、两个竖柜组成的四件柜有着重要的象征义，下至平民、上至皇子，家家都有，只不过等级尺寸有别。它们或上下分离（图版126），或左右并列（图版125），永远在建筑中拥有一席之地。四件柜为家家户户所重，巨大的面叶（XX，第295页）更增添了一分宏伟堂皇。现在在紫禁城中，还可能会看到屋内沿墙成对摆放的组合柜，顶箱有时多层摆放，一个竖柜上可能叠放三个顶箱，更显威严壮观。

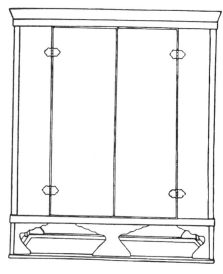

插图23（LIII）

样例103（图版127）是一件别具意匠的顶竖柜，展示了方形橱柜在不破坏其庄严感及方形结构的情况下，如何进行装饰。除了面朝墙面的部分，所有的横竖杆件均打浅洼面，让人联想起哥特式折布雕饰，边缘起倭角线。九块向前的面板四边均向下沉，留出中间的倭角方形。挂锁的面板，光素的方形合页及面叶都贴面板边框起伏（图版158，右上），平滑的抛光表面与边框起伏、面板造型一起，闪烁出柔和变幻的光晕。上下柜子的比例、正面的分割与大胆起边线的牙板为栗色的花梨木增添了线性的韵律（图版128）。其内部安排与内层的外观，以及明格、闷仓与抽屉（图版129），都透露出工艺的复杂精巧（图版155）。这组四件柜外观简练又雄浑，可与垂直风格[1]的弗拉芒家具精品一争高下。

---

①一种强调垂直线条的建筑、装饰风格。—— 译者注

家具木材

"中国的气候条件……让有条件的人心向往之,使他们的木家具可以经历……严峻的变化。所以我们发现有多种硬木被用于制作中国家具,一些来自中国本土,但更多的是从东南亚热带地区进口。"(霍梅尔,XX,第244、245页)

在市场上和中国的类书中,家具木材都只以其商品名称为人所知。再加上本土与进口的木种区分不明,其生物学名很难确认。在中西方现代科学家之间,"权威人士都有各自的观点,现有证据也无法得出令人信服的结论。木种的中国俗名似乎多少遵照了植物学上含混的普遍特征,而各种色彩、质地、瘤疤、纹理则代表一根木头的众多部位。"(胡德恒,XXI)

除了上述区分,中国家具木材还分不同的产地及砍伐时间。历史上很长一段时间内,只有最优良、最老的树才会被砍伐做家具原料,所以早期中国家具质地好、纹理佳、颜色美。在最好的木材用尽后,次等的或其他产地的原木成为原材料登上舞台。其实,木材质量的下降也与木工灵感的衰退有所呼应。这虽不至于成为判断一件光素中国家具的时代的决定性标准,但也能提供一点帮助。如今的家具商很难简单明了地说清老料的优良品质,如果有其他标识证明家具是上乘之作,他们就会在木材的俗名前加上"老"这个修饰,作为打动客人的关键词。

有四类中国工匠曾经用来制作家具、有一部分至今仍在使用的硬木属于豆科(Leguminosae),这似乎毋庸置疑。这四类都包含变种,并且在中国本土都有相应的商用木种。但就像刚才引用的霍梅尔的论述中所说,大约自向南海外扩张开始,大多用于制作家具的木材就都从中南半岛和马来地区进口了。

这些木材中以紫檀属(Pterocarpus)的最为重要,在西方都包含于"蔷薇木"(Rosewood)中。然而,"蔷薇木的鉴别问题在中国还没有得到充分研究。确实,如'硬木'一样,蔷薇木一词使用普遍,可称为蔷薇木的树种也遍布世界各处。蔷薇木中的大多数——三十多种都较沉且色暗,很多属于豆科,有黄檀属(Dalbergia)的、紫檀属的。"(XXI,胡德恒引用自诺尔曼·肖①)

紫檀②

紫檀无疑是中国公认的最名贵的家具木材。日本正仓院中有几件十八世纪中期以前自中国进口的紫檀家具(插图11)。当然,中国人使用硬檀木的历史远早于此,布雷特施奈德收集的中国本土木材资料就是有力的证明(III)。

---

①诺尔曼·肖(Norman Shaw),著有《中国的林木与木材》(*Chinese Forest Trees and Timber Supply*)。——译者注
②此处"紫檀"为一类木材的俗称,而前文的"紫檀属"及后文出现的"檀香紫檀""印度紫檀"等则为植物分类学意义中的紫檀。——译者注

专家们大都同意将紫檀归为檀香紫檀（*Pterocarpus satalinus*，又称小叶紫檀、赤檀）。在中国海关出版的书（XL，第524页）中如此记载："该木极硬，纹理紧密粗糙，表面光洁，因'紫檀色素'的存在，红色中带一点红棕……"紫檀与带有芳香气味的白檀都有一个"檀"字，在西方的命名也易混淆，但二者其实并无共同之处。檀香紫檀产自印度和巽他群岛的热带雨林之中，并非中国本土木种。

但杜赫德有不同观点，他认为紫檀是黄檀属植物，并称"紫檀木的美无可比拟，它有着红黑的色泽与漂亮的纹理，以及上过漆一般的外观，是家具工匠的不二之选，是木工杰作的应选之材。紫檀木制品无不透着高贵"。下面内容引自胡德恒医生，我须向他表示感谢，"紫檀所指的具体木种尚未明晰。如果是黄檀属的，那就应该是两粤黄檀（*Dalbergia benthamii*），因为中国的黄檀属植物除了两粤黄檀和黄檀（*Dalbergia hupeana*）外，都是矮树或是灌木，而黄檀呈黄色，只被用于制作轮毂之类。紫檀属和黄檀属的木材在方方面面都很类似，过去几个世纪所用的紫檀木究竟是哪种木材，已成了历史遗留问题。在专家们达成一致意见之前，这个争论一定还会持续。"（XXI）

我们暂且可以假定檀香紫檀和两粤黄檀在中国曾共用"紫檀"这个商品名，"紫檀"在早期指本土的黄檀属木头，后来逐步被进口的檀香紫檀代替，但也并非被完全取代。《正仓院御物图录》（LIII）卷七中，图版19—21的带底座小箱有英文注释"以黑柿木经苏芳染制成"—— 或许就是为了仿造紫檀。图版18的样例3a展示了一件明紫檀家具。我过眼的紫檀木家具重而致密，弹性很高，非常坚硬，几乎无花纹。在打蜡抛光，经过上百年氧化后，呈现棕紫或深紫色，无瑕的表面泛着丝绸般的光泽（图版2）。

花梨

自宋甚至更早时起，高级花梨木就成了常用的家具原材料，一直持续至清初。这一商品名底下包含着多种木材，所以在生物上的分类鉴别依旧存在很多复杂问题。花梨包括明及清早期家具所使用的精美黄花梨；带有棕黄调的暗沉的老花梨，多用于后期 —— 尤其是19世纪上半叶的光素家具；以及其实属于红木类的新花梨。新花梨如今被用来仿制早期家具。似乎自明起，本土和进口的不同花梨木的使用就开始不做明确区分。以这个名称进行交易的中国木种已被认定为花榈木（*Ormosia henryi*），原产浙江、江西、湖北、云南和广东。唐耀称其为"中国最重要的用材树种之一"，并形容其木"心材，暗红棕色，边材……粉棕色；纹理漂亮，极硬极重；风干时有极少径向裂纹"（XXXVI）。赵汝适关于十二三世纪中国与阿拉伯贸易的著作（IV）中，提到了一种进口木材，显然可归于后来广义的"花梨"商品名下。"麝香木出占城[①]、真腊[②]……其气依稀似麝，故谓之麝香。……

---

① 即今越南中南部。—— 译者注
② 即今柬埔寨。—— 译者注

泉①人多以为器用，如花梨木之类。"也就是说，13世纪的专家还对本土的真花梨木与相似的从南面进口的一种芳香木材做了区分。以我们的样例103、105为例，保存至今的明及清初风格的箱柜都散发着强烈的甜香味，证明它们属于蔷薇木。我不知道花榈木和其他的中国豆科木材是否具有这种芳香味，或许这会成为一种更精准的鉴定本土与进口木材的手段。

有趣的是，宋代这位作者在后文写到，这种木材以树老倒下后在土中腐化的为上。我们便有理由相信，原木是被故意留于土中，以便通过腐殖化完成氧化变色过程。这可能也是许多老的花梨家具气味芳香与色调较暗的原因。

从早期花梨家具上取下的样品都被定为印度紫檀（*Pterocarpus indicus*）的亚种，至今还未出现花榈木。所以我们或许可以认定大多数花梨都为进口木材，中国本土的花榈木可能只用于当地的家具制造，不过后来，"花梨"成了这些蔷薇木的商品名称。

老花梨家具通常会冠以"黄"字，用来描述所有真花梨的色泽，不论是浅色或是氧化的深色。它的色调中闪着金色，仿佛金箔的反射，抛光表面上覆着奇特的美丽光芒。

图版1中的马蹄足可能就代表了明代最上好的花梨。琥珀色，致密，多木疖；纹理颜色较深，线条清晰，有时形态夸张。有时可见一种木纹斑驳模糊的木头，可能为花梨瘿木②。

红木

老红木，如乾隆时期家具中所用，也被定为印度紫檀下的一个亚种。其深红色泽在经过上蜡抛光和时间沉淀后愈发迷人，让它成了名贵的紫檀木的替代品，如今很受欢迎。从可追溯的图片证据和现存家具来看（参考样例5、73、88），老红木的普遍使用至早始于18世纪早期。仔细对比参考文献XLVI与XLVII中的丰富资料，兴味颇深，我们的卷首图来源于前者，具有典型的明代特征，后者为18世纪同一家具的改良变体。该类型家具的后期变体大都与之前黄花梨时期的风格截然不同，不在本书的讨论范围之内。

在此讨论红木是因为现在的家具工匠会以浅色的红木仿造老花梨家具，前文也有所提及。红木类中所谓的新花梨经过适当的处理后，会接近真正的花梨在岁月洗涤后的深色。但是真正黄花梨木的金箔色泽和纹路却无法人工伪造，如图版160中97a和109a的对比，前者为红木样本，后者为黄花梨样本。

在中国海关的出版物（XL，第509页）中，还将红木和另一种木头联系在了一起——海红豆（*Adenanthera pavonina*）。海红豆"生长于孟加拉、阿萨姆、孟买和缅甸的雨林中。这种木材有时被称为'红檀木'或'珊瑚木'，颜色为深红色，木纹细密，重量较重"。

---

①即福建。——译者注。
②即形成了瘤疤的木材。——译者注

市场上，或许还有种黑木类产品也被称为"红木"，就是所谓的印度蔷薇木——阔叶黄檀（*Dalbergia latifolia*）。关于这种木材，《中国进出口主要商品》有载："主要产自印度，是一种带有黑色纹路的红褐色木材，具有玫瑰般的香气……其纹理均匀但相当粗糙，主要被用于制作高档家具。"（XL，第512页）

现在常见的红木也是印度紫檀的亚种，产于华南与东南亚地区。在西方曾经以"Padauk"（紫檀）这一商品名交易，现在也有人知道这一名称，其中似乎包含了花梨变种（XXXV）。狭义而言，现在普遍称其为"安达曼紫檀""缅甸紫檀"，在菲律宾群岛称其为"Narra"（纳拉树）。中国海关出版的书称其："心材为商品用材部分，红棕色，从亮红到暗红至深红不一，触感冰凉，硬度较高，有耐久性，有些许香味……易加工，适合抛光，主要用于制作家具。"（XL，第483页）胡德恒将红木描述为："比紫檀纹理粗糙、更轻的蔷薇木的通称。不同品种甚至不同树龄的木头颜色不尽相同。这些木头通常用于替代更好的蔷薇木。大多数都能制作出精美的家具，且较为耐久。其主要缺点是可能会随温湿度变化而收缩膨胀。"（XXI）

鸡翅木（杞梓木）

鸡翅木是中国家具工匠使用的硬木中最为坚硬的，它本身的硬度要大于哥特、文艺复兴家具里使用的橡木。较高级的鸡翅木有着奇特甚至粗糙的斑纹和浅色的显眼纹理（图版54）。斑驳的灰棕木色会随时间加深，在空气中暴露上百年后，可能变成深咖啡色。工匠们了解这种木材的朴素天性，并为它改良了标准的家具形式与装饰样式（图版26、55、69）。

"鸡翅木"这一俗名似乎指这种木料特征性的灰褐色与暗纹，同甘蓝豆（*Andira inermis*）被称为"山鹑木"（Patridge Wood）一样，都是对木材外观的描述。但这一商品名下似乎也有几种不同的木材，其学名确认依旧困难重重。一份和图版54类似的样品经由服部广太郎鉴定为豆科的铁刀木（*Cassia siamea* Lam.）；而另一件家具的木材被中国专家定为红豆树（*Ormosia hosiei*），该家具的样式如今还有制作。红豆树产于中国中部和西部（XXI），陈焕镛教授形容此树木材"色红，斑纹漂亮，硬沉，是最名贵的家具和雕刻用材之一"（XLI）。这种中国本土树种与早期鸡翅木家具所用的进口云实属木材的区别在于，此树木头略带粉色色调，纹理浅淡。

金属饰件

金属饰件之于中国家具好比镀金装饰之于洛可可。衣橱、橱柜与抽屉柜的观赏性很多时候都得益于这些附属构件的布置，有些似乎应用了黄金分割。

原装的饰件与进口的以机器抛光的黄铜饰件的差别在于颜色与抛光。北京辅仁大学化学系分析了两件典型老金属件样本。两份样本一银一浅黄，均为白铜，因合金成分差异而呈现出不同颜色。白铜是一种铜镍锌合金，即西方冶金学中的德国银。这些白铜绝非是纯金属以一定比例混合而成，而应是中国冶金工人在长期的实践经验中，发现了某些矿石混合物可在冶炼过程中产生这种奇特的合金。中国某些地方甚至可能存在含这三种成分的矿石。在确定早期青铜器的合金成分时，也考虑过类似的可能性。我们必须记住，"中国人自古便了解镍合金，而欧洲直到1751年才分离出纯镍"（XIX）。德国银的特点在于其相对较高的熔点和良好的可锻性。在中国，正如霍梅尔所说（XX，第20页），铜和白铜等金属是先铸成薄片，等其冷却后再加工。得益于前人的经验和天赋技巧，中国工匠的作品有着捶打白铜特有的纹理密度，散发着柔和的光泽，随时间缓慢氧化。这种光泽加上清丽的色调，让这些金属构件成为最适合光素老花梨家具的饰件。

这些饰件的造型之美一目了然，不需多言（图版156—160）。但值得注意的是，18世纪的西方家具工匠并没有学习这些几何造型，只有蝙蝠图案（图版160，97a）在欧洲洛可可和美国殖民地风格里找到了一席之地，其怪异图形被倒转，再进一步扭曲，成为最常见的锁面板纹样之一。

面叶与拉手面板以扁金属线固定，金属线穿过钻孔，紧扒在木头的内表面上。这些金属线在抽屉或边抹的外表面上成为装拉手和吊环的小环，或成为面叶大环的一部分（图版124，剖视图；图版133右上）。合页以几个开口销固定，磨平或加装饰帽（图版156，样例105、100）。这些金属线很强韧，同样以坚固的白铜制成。

工艺—装饰—年代鉴定

18世纪的一份柏林藏品目录对大选帝侯收藏的华美中式黄花梨架子床（XXXI）有如此描述："该家具妙在结构上没有使用钉子，其他各方面也显示出制作者的审美和技艺。其木料本应散发出微弱的香气，但因为时间流逝，如今已闻不到了。"（XXXII）。那个年代，传统还未消亡，这件架子床之所以能让专家对它印象深刻，就是因其木材质量与制作工艺。专家一眼便识出这件家具纯以木制，这也是传统中国木工作品的重要特征。我们一直在让人们关注中国早期木作家具的精妙、费工用料而成的简洁性与完美的涂装。现在，让我们来了解或说重温一下中国早期木作家具值得铭记的特点。

中国家具工匠有三个基本原则：非必要不用木钉、非必要不用胶、绝不用车床加工。

我们展现的样例之中，只有样例14有四处重要的节点在固定时必须使用暗钉（图版16；图版152，节点4）。暗钉端头为斜木纹，在浅色木表面留下了一个可见的暗色圆点。一些样例中，木钉似乎为后来添加，用于加固拆分重组的家具节点。霸王枨与穿带的连接需要强力的木钉（图版154，节点18a）。金属钉子自然不在考虑之列。胶水也只在很少情况下可以使用，如在托泥之下加底足（样例6、71、110、112），加固全隐燕尾榫（图版153，节点15)，或是将装饰框固定在低陷的心板上（图版120）。从过去到现在，人们一直认为熟练工匠不齿使用车床。大多圆截面的构件都多少有些呈椭圆（图版47）。即便到了现在，家具上的圆截面杆件也是匠师凭借手眼自原木制成，所用工具不过一把简单的滚刨，类似西方的老式滚刨（XX，插图363）。

弯腿（样例3、3a、20、110）、马蹄足（样例6、15）和霸王枨（样例6、7）都不惜工料，直接以整料雕刻而成。蔷薇木的弹性为复杂大胆的节点创造了条件，也让中式结构设计特有的细瘦劲挺或雄浑有力成为可能。

出于对原本材质的尊重，中国的家具工匠除在制作一些临时使用的便宜家具外，绝不会为家具贴面。样例68（图版89）中的竹贴面是一特例，只是为了展示这种木材的天然感觉。

在高级硬木家具制作的涂装阶段，工匠们并不会在打蜡抛光时加入色素，只偶尔上一层薄薄的清漆。除非木材经过提前处理，否则其颜色与光泽的变化就都交由时间。蔷薇木经过上百年的使用后的表面质感，是用其他任何方式都无法实现的。一些中国古典家具拥有金属般的光泽、柔和的边缘与富有变化的浮雕，它们所呈现出的样貌在各种风格的家具中独树一帜（图版60）。

中国家具的早期装饰与其结构内在特性相一致。木材的弯曲、线脚、谨慎或大胆的雕刻，这些都并非外物添加，而是整体设计的有机组成部分（样例37、55、60等）。有人可能会说，中国家具简练质朴的早期风格和崇尚装饰的后期风格之间的差异，对应着内敛的早期瓷器相较于一部分清代彩瓷。实际上，那时肯定出现了一种新的审美情趣，在柏林藏品目录里那张满雕的架子床（XXXI）上便可见一斑。这张床可能是典型的康熙风格，而样例23的床大约为17世纪早期家具，样例26的拔步床则可能制作于15世纪（I，第149页；VI，图版38—41；XXIV，插图62）。

虽然我们对书中这些典型样例的精确制作日期几乎一无所知，但还是试着给出了大致的制作年代。想将这些样例按照正确的时间排序难于登天。不过，经验老到的中国店家已经把"明早期""明晚期""17世纪""康熙晚期"和"乾隆年间"挂在嘴边，究竟是什么标志让他们敢做如此论断？其中一些理由已在前文有所提及，不再赘述细节，我们可以连同自己的观察进行总结。虽然以下论据都很模糊，但依旧可以为我们提示家具的制作年代，尤其适用于17世纪之前的家具。

首先，是后期无法获取的木料尺寸，丰富的纹理，氧化后的色彩，完整表面上的经过岁月沉淀的光泽以及金属饰件的质量。

其次，是一些典型的工艺特征：如为保护家具内表面衬涂的浅色漆；外表面涂的黑色大漆及典型纵裂（图版8、58、62、116）；以带色彩的云南大理石厚板作为桌面板（图版70；XL，第456页）。

最后，对比例的完美把控和兼具功能性的形式设计——无论是严谨或巧妙的形式设计，都未脱离结构意义。

有些装饰元素也可以帮助我们更准确地鉴定年代。样例66（图版87）的翘头案上有明确的制作日期，尤为珍贵。它制作于明末，可以帮助我们了解17世纪的家具风格。我们可根据其牙板的形式向前后推移。一件平头案（图版88，样例67）有着同样柔和简化的卷纹，所用的花梨木似乎揭示其来自更晚的年代，可能是康熙朝的作品。依次看样例63、64、65的牙头，可知传统卷纹如何渐渐失去了凝重有力的造型，最后成了样例66、67上的样子。考虑到这一元素经历的明显演化过程，加上对家具光泽和整体设计特点的考量，我们或许可推测样例65（图版86）为16世纪的作品，而样例64（图版83）可追溯至1500年左右。

样例63的翘头案非常完美。无论是木头呈现出的氧化的蜂蜜色与表面光泽，还是其形态构成与有力的透雕，无论是灵动的尖拱形状还是边缘线脚的雕刻，无不独特美好（图版82）。

此件翘头案可能制作于15世纪。其卷纹形态（参考图版45）比泉州宗祠里一张16世纪桌子（图版161）要浅一些，在十七八世纪的漆桌上更为简化（XXXIII，图版33—35）。这种带有卷纹牙头的桌案一直到乾隆时期依旧存在。经过了三百年的演化，它如今的面貌带有行将就木的传统设计风格，冷峻却又文雅（图版89，样例68）。

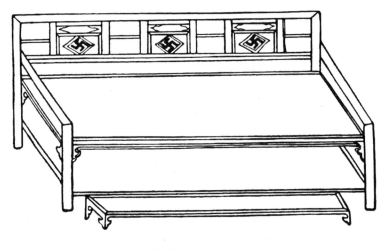

插图24（XIX）

最后，我们再来看看早期面板挖空部分（插图5、6）的遗留痕迹。插图24出自一元代木版画，图中的这件罗汉床体现了当时的风格，其重要性主要体现在以下几个方面。首先，它具有典型的过渡时期风格，是样例16（图版20）明代罗汉床的前身。样例16的设计统一和谐，较为出彩，而木版画上的元代罗汉床的棂格构成似乎还处于实验性阶段，围子好像还未与床榻融为一体。其次，图中的脚踏带有宋式展开的卷纹腿足，而非明早期的实心马蹄足。最后，这件元代罗汉床的卷纹牙头似乎是原来面板挖空后的遗存。虽然样例16上没有这种带线脚的牙头，但在样例10的方桌、样例84扶手椅的靠背、样例92的竖柜（图版11、113、105）上却可以看到，其中，样例84中是更为简化的形式。牙头样式显示出这三个样例与元代风格有所关联。样例10、84、92拥有灵动的设计、上佳的材质、木材涂装后氧化而成的色调，以及桌子的霸王枨与发展完备的马蹄足，由此我们可将它们可归入明早期。样例10方桌腿足的精致轮廓代表着转变的开始，样例19（图版25）中床的腿足代表着演化的终结。

元代以后的家具制造—兴衰起伏

元朝的社会意识形态给了中国绘画最后一剂强心针，建筑和家具也在这时进入转型期，于后定型。诚然，社会艺术领域的重大变革需要整个朝代的推动力。明初，建筑终于迎来了8世纪以后的第一个高峰，新的家具风格也在那时才完善。

中国家具的顶峰时期可能和青花瓷的繁盛期相重叠，但在16世纪初期便开始衰退。17世纪后期，传承下来的经典明式风格逐渐丧失了其特性，一种严谨但不失精致的风格（图版142，样例114）取代了早期的大胆设计。而在其他一些家具中，譬如柏林藏品目录中的架子床，华丽的雕刻掩盖了木头的天然美，线条比例也开始受到影响。

接着，或许因为名贵的花梨木资源枯竭，红木登上了历史舞台。自明朝，甚至很可能自唐开始，黄花梨就是高等级家具的专用原材料。此前几百年，黄花梨几乎为苏、扬两地作坊的唯一用材，直到这时，属于它的时代终于落幕。到18世纪末，市场出现了对浅色木材的需求，粗糙的老花梨满足了这一需求，无意间推动了一场往日素雅品味的微弱复兴（样例22、28、29）。

红木风格在早期的京作家具中（样例5）还尚为精炼，但在乾隆朝后期已开始走下坡路，或变得毫无生气（样例73），或变得华而不实，连同广作及沪作家具中的黑木家具精品相继衰败（XXIV，图76—82）。而简洁的结构形式以及传统的中式比例，只保留在了以天然软木制成的乡村家具中。

结语

沈复的《浮生六记》展现了晚清时期中国人的生活，在林语堂的极佳译作（XXXIV）中，我们可以从中看到在经历过去一百年巨变前的中国家庭文化。一百年前，苏州家庭中还保留着明式传统，但现在，可供我们了解那些样例来源环境的人家，全中国恐怕也只有寥寥几户。

若将一些画作中展现的十五世纪西方装潢与明式装潢做一对比，或许可以帮助我们再次领略明式装潢的深邃魅力，尤其是威尼斯画派作品，例如西玛·达·科内利亚诺[1]的《天使报喜》（现藏于圣彼得堡艾尔米塔什博物馆）或卡巴乔[2]的《圣乌苏拉之梦》（现藏于威尼斯学院美术馆）。明式家具还有一些零星遗存，本书中收录了部分。

据我们所知，明代有闲阶级会通过庄重谨慎而又简洁的室内布置展示丰富的效果。宽敞的中厅由两排高柱支撑，厅的东西两侧有木作的棂格隔断（参考图版37），棂格后侧衬浅色丝绸。墙壁和柱子都以纸贴面，地面铺黑色磨石板，天花板采用黄色苇箔。阴沉背景之下，家具按照平面规则摆放。蔷薇木家具呈现出琥珀色或紫色的色调，与昂贵的地毯、织锦椅套和靠垫的暗沉色调相得益彰。墙上的字画和卷轴、红漆架上的青花瓷与青铜器也都精心布置。白天，纸糊格子窗遮挡了耀眼的光线，夜晚，房中的色彩在蜡烛和羊角灯中和谐相融。

直截了当与富丽堂皇是明式装潢的特征。插图2展示了一个19世纪风格的厅堂，我们发现在中国家庭生活的历史里，平面布局和家具摆放都有严格的范式。虽然中国人早已将文化休闲的艺术发展完善，但日常生活的摆设布置，仍保留着古老朴素的样貌（II、LVII）。我们可以从卷首图中16世纪的卧房（XLVI）中看到这点。作为休息之所，该房间的家具布置更为自由，却依然没有抛弃设计和装饰上的原则，线条和立体比例中的力量感已经流淌在了传统中国匠人的血液之中。即使是在最私密的房间里，木质、结构与庄重似乎也比舒适感更重要。

插图25（XI）

---

①西玛·达·科内利亚诺（Cima da Conegliano, 1459—1517），意大利画家。——译者注
②维托雷·卡巴乔（Vittore Carpaccio, 1465-1526），文艺复兴时期威尼斯画派画家。——译者注

参考文献

I：恩斯特·柏施曼，《中国的建筑和宗教文化》（*Die Baukunst und Religiöse Kultur der Chinesen*），第1卷，柏林，1911年。

II：恩斯特·柏施曼，《中国建筑与景观》（*Baukunst und Landschaft in China*），柏林，1923年，图版263。

III：埃米尔·V.布雷特施奈德，《中国植物学：中西典籍所见中国植物学随笔》（*Botanicon Sinicum, Notes on Chinese Botany from Native and Western Sources*），第2部，上海，1892年，第375页。

IV：赵汝适，《诸蕃志》，夏德、柔克义译，圣彼得堡，1911年，第212页。

V：戈岱司（George Coedès），《暹罗的金漆艺术》（*L'art de la laque dorée au Siam*），《亚洲艺术杂志》（*Revue des Arts Asiatiques*），第2卷，第3号，1925年，第3页起，图版2。

VI：莫里斯·杜邦（Maurice Dupont），《中国家具》（*Les meubles de la Chine*），第二辑，巴黎，1926年。

VII：戴谦和，《中国窗棂》，两卷，马萨诸塞州剑桥，1937年。

VIII：古斯塔夫·艾克，《18世纪北京人家室内六图》（*Sechs Schaubilder Pekinger Innenräume des Achtzehnten Jahrhunderts*），《辅仁大学学志》（*Bulletin of the Catholic University of Peking*），第9号，1934年11月，第155页起。

IX：古斯塔夫·艾克，《交椅的演变：欧亚座椅样式的研探》（*Wandlungen des Faltstuhls, Bemerkungen zur Geschichte der Euraischen Stuhlform*），《华裔学志》，第9卷，1944年，第34页起。（本书插图20来自该书插图10；参考说明25。）

X：古斯塔夫·艾克，《使华访古录——陶德曼藏青铜器》，北京，1939年。（本书插图22来自该书图版1。）

XI：埃莉诺·凡·埃德伯格（Eleanor Von Erdberg），《白云观老子像》（A Statue of Lao-tzu in the Po-yün-kuan），《华裔学志》，第7卷，1942年，第235页起。（本书插图25来自该书第240页插图，源自原石雕的元代装饰板，埃莉诺·凡·埃德伯格绘制。）

XII：福开森（John Calvin Ferguson），《中国家具》（Chinese furniture），《中国艺术综览》（*Survey of Chinese Art*），上海，1939年，第109页起，插图177。

XIII：阿道夫·福伊尔纳（Adolf Feulner），《家具艺术史》（*Kunstgeschichte des Möbels*），第3版，伯林，1927年。（本书插图21绘自该书插图207。）

XIV：奥托·菲舍尔（Otto Fischer），《中国汉代绘画》（*Die Chinesische Malerei der Han-Dynastie*），柏林，1931年。（图版32、33的石雕，可能为1世纪时候的作品，来自山东

金乡县朱鲔祠;注意格角榫攒边结构。)

XV:傅芸子,《正仓院考古记》,东京,1941年。(本书插图10重绘自该书第92页插图24。)

XVI:勒内·格鲁塞,《东方的文明》,第3卷,《中国》,巴黎,1930年。(本书卷首语来自该书第2页。)

XVII:滨田耕作,《泉屋清赏》,续篇,第1部,京都,1926年。(本书插图16重绘自该书图版192。)

XVIII:原田尾山,《支那名画宝鉴》,东京,1936年,图版11。

XIX:K.A.霍夫曼(K. A. Hofmann),《无机化学教材》(*Lehrbuch der Anorganischen Chemie*),不伦瑞克,1920年,第623页。

XX:鲁道夫·P.霍梅尔(Rudolf P. Hommel),《手艺中国》,纽约,1937年。

XXI:胡德恒,《家具木材(华北地区家具所用主要种类……)》[*Cabinet Woods(The Principal Types… used in North China for Fine Joinery*)],手稿,北京,1941年。

XXII:黄浚,《邺中片羽》,第三集,北京,1942年。(本书插图12来自该书第一卷第十六页左面。)

XXIII:容庚,《商周彝器通考》,2卷,北京,1941年。(第2卷,第98页。)

XXIV:鲁道夫·凯林(Rudolf Kelling),《中国民居》(*Das Chinesische Wohnhaus*),东京,1935年。

XXV:梁思成、刘致平,《店面(建筑设计参考图集第三集)》,中国营造学社,北京,1935年。

XXVI:梁思成、刘致平,《藻井(建筑设计参考图集第十集)》,中国营造学社,北京,1937年,图版9、图版24左。

XXVII:麟庆,《鸿雪因缘图记》,1847年版,三集六册。(本书插图2根据该书第二集上册《南阳访旧》重制。)

XXVIII:亨利·马伯乐(Henri Maspero),《汉代人的生活》(*La vie privée en Chine à l'époque des Han*),《亚洲艺术杂志》,第7卷,第4号,1932年,第185页起。

XXIX:大村西崖,《文人画选》,第二辑第一册,东京,1922年。(本书插图17重绘自图版1中王维所绘《伏生授经图卷》。)

XXX:阿道夫·莱希怀因(Adolf Reichwein),《18世纪的中国和日本》(*China und Japan im Achtzehnten Jahrhundert*),柏林,1923年,图版12。

XXXI:奥波德·雷得梅斯特(Leopold Reidemeister),《东亚艺术收藏家大选帝侯与腓特烈三世》(*Der Grosse Kurfürst und Friedrich III. als Sammler Ostasiatischer Kunst*),《东亚杂志》(*Ostasiatische Zeitschrift*),新系列第8年,1932年,第175页起,图版23。

XXXII：奥波德·雷得梅斯特，《勃兰登堡选帝侯收藏间里的中国和日本》(*China und Japan in der Kunstkammer der Brandenburgischen Kurfürsten*)，展览目录，柏林，1932年，第21页。

XXXIII：奥迪隆·罗什（Odilon Roche），《中国家具》(*Les meubles de la Chine*)，第1辑，巴黎，1925年。

XXXIV：沈复，《浮生六记》，林语堂译，《天下》(*T'ien Hsia Monthly*)，第1卷，1—4号，1935年8月—11月；西风社双语重印，上海，1941年。

XXXV：威廉·斯洛曼（Wilhelm Slomann），《18世纪的中国家具》(*Chinesische Möbel des Achtzehnten Jahrhunderts*)，《万神殿》(*Pantheon*)，1929年第3期，3月，第142页起。

XXXVI：唐耀，《华南重要硬木的宏观构造研究》(*Identifications of Some Important Hardwoods of South China by their Gross Structure*)，《静生生物调查所汇报》，第3卷，第17号，北京，1932年11月，第300页。

XXXVII：富田幸次郎，《波士顿美术馆藏中国画帖（汉—宋）》[*Museum of Fine Arts, Boston, Portfolio of Chinese Paintings in the Museum (Han to Sung Periods)*]，富田幸次郎撰写解说，马萨诸塞州剑桥，1933年，图版48。

XXXVIII：周长吟（Tchang Yi-tchou）、阿坎（Joseph Hackin），《吉美博物馆藏中国书画》(*La peinture Chinoise au Musée Guimet*)，巴黎，1910年。（本书插图5绘自该书图版1上。）

XXXIX：梅原末治，《支那古铜精华》，第一部，青铜器，第1卷，大阪，1933年。（本书插图3来自该书图版9。）

XL：欧内斯特·沃森（Ernest Watson），《中国进出口主要商品》(*The Principal Articles of Chinese Commerce*)，中国海关，二-特别系列：第38号，第2版，上海，1930年。

XLI：陈焕镛，《中国经济树种》(*Chinese Economic Trees*)，上海，1921年，第187页。

XLII：午荣、章严，《鲁班经》，似为晚明版本。（本书插图1来自卷2第22页右面。）

XLIII：叶慈，《猷氏集古录》(*The George Eumorfopoulos Collection Catalogue of the Chinese and Corean Bronzes…*)，三卷，伦敦，1929—1932年。（本书插图9绘自该书第2卷图版58。）

XLIV：《美术研究》，第25辑，1934年1月。（本书插图19绘自该书图版2。）

XLV：《美术研究》，第91辑，1939年7月。（本书插图4改自该书图版1日本佚名唐风画作《孔子画像》、上文提及的波士顿画帖（XXXVII）图版48以及北京黄浚收藏的一件723年唐青铜座照片。）

XLVI：《金瓶梅词话》，京师图书馆重制图像。（本书卷首图来自该书插图97左面。）

XLVII：《清宫珍宝皕美图》，五卷，珂罗版，约出版于1930年。

XLVIII：《中国艺术国际展览会图录》（*Catalogue of the International Exhibition of Chinese Art*），1935—36年，第五版，伦敦。（本书插图15绘自该书第63件。）

XLIX：《故宫周刊》，第359号，1934年6月16日。（本书插图24改自该书第916页上重制的元代《事林广记》插图。）

L：《乐浪彩箧冢》，朝鲜古迹研究会，汉城（首尔），1934年。

LI：《大都十大寺大镜第七辑，法隆寺大镜，第七》，东京，1933年。（本书插图18来源于此书图版18与图版30。）

LII：《神州国光集》，第四集，禹之鼎所画王士禛画像（禹慎斋画渔洋山人禅悦图小像）。

LIII：《正仓院御物图录》，东京，第1卷，1929年；第2卷，1932年；第7卷，1934年；第9卷，1936年。（本书插图23来自第1卷图版17。）

LIV：《昭和五年度古迹调查报告》，1935年，朝鲜总督府出版。

LV：《东瀛珠光》，第五辑，第2版，东京，1927年。（本书插图11绘自该书图版281。）

LVI：《万寿盛典》，初集，第40卷，第37页左面。

LVII：《文渊阁藏书全景》，中国营造学社出版，北京，1935年，文渊阁内部上层御榻图。

LVIII：《男爵久我家并岛田家所藏品入札》，东京美术俱乐部1929年9月23日拍卖。（本书插图6改自第92号以及北京故宫博物院的一件相似漆座。）

LIX：《某家所藏品入札》，东京美术俱乐部某年12月4日拍卖。（本书插图7绘自第416号。）

说 明

中文名：北京白话中并没有对家具形式和用法的一致区分。

家具主要有六类：

1. 床榻

平床榻被称为"榻"；带有栏杆或较大的为"床"；"胡床"与"罗汉床"，现在也依旧用来称呼带栏杆的床榻；有顶棚的床会加上"架子"二字。"炕"字并不常用于可移动的家具，但"炕几"可表示床榻上的小桌。

2. 桌案

桌案的中文名有："几"，指或高或矮的小桌，从箱盒结构演变而来；"桌"中包含了多种桌案，通常大而方；"案"则是长而窄的桌案。形容词"方""圆"指形状，"条"指小且为长方形的结构；"八仙""六仙""四仙"用于形容方桌大小；至于桌案面板，"平头"指平案面，"翘头"指案面两边有上翘的边缘。用于书房的大而长的桌子称为"书案"；带有抽屉（通常三个）的梳妆台（参阅卷首图）被称为"三屉桌"；与西方边桌[1]类似，甚至可能为其原型的半圆形桌子称"月牙桌"；"琴桌"根据约翰·霍普－约翰斯通（John Hope-Johnstone）的建议翻译为"psaltery table"；有单独的"几"支撑的桌案称为"架几案"。

3. 坐具

坐具中有"凳""椅"：方凳称"兀凳[2]"，圆凳称"墩"；有靠背无扶手的椅子为"官帽椅"[3]，有扶手的称"扶手椅"；圆形扶手的称"圈椅"，折叠椅为"交椅"。我曾专门写过一篇关于交椅的文章（IX）。可能还要提一提"脚踏"，这是原始台案结构的一种变体结构。

4. 柜橱

高箱橱与大储藏柜称"柜"；有一种常见的、横竖杆件为圆形的储藏柜称"圆角柜"；"立""竖""顶竖"用来形容较高的柜子或组合柜；四部分组合而成的柜称"四件柜"，或简称作"大柜"。小的储藏柜称为"橱"；立着的侧脚橱被称为"门户橱"。有抽屉的门户橱变体则称"连二橱""连三橱"。"箱"是一种水平开盖的储藏容器，形如盒子。

---

① 原文"Pier table"，指西方贵族宅邸中，窗户之间靠墙布置的边桌。——译者注
② 即机凳。——译者注
③ 此处及样例表中的"官帽椅"与现通行的官帽椅定义有所不同，实则为靠背椅。——译者注

5. 台架

　　根据结构不同,台架类家具被称为"几""台"或"架";"盆架"和"衣架"有所区别;放置蜡烛用的称为"烛台"。架结构的都称为"架"。圆形凳有时也做台架使用,根据其形状所似不同,称"瓜棱墩""鼓儿墩"。

6. 屏座

　　"屏"为有名的屏座类家具之一,常有装饰板,本书中并无样例。

　　木料:无意于了解样例表中文名后标示的学名的读者可作如此理解:"red sandal-wood"为紫檀,"rosewood"为花梨与红木;"chicken-wing"为鸡翅木。导语中有较为全面的木材介绍。

样例表①

（尺寸单位为厘米）

1　炕几；紫檀（檀香紫檀）　　　图版2

节点1、2、6；高35；面板89×67.5

胡德恒藏

2　炕几；黄花梨（印度紫檀）　含测绘图。

图版3 上、4

节点1、2、6；高29；面板87×60

史克门藏

3　炕几；黄花梨　　　　　　　图版3下

节点1、2、6；高28；面板99×66

亨利·魏智夫人藏

3a 方炕几腿足；紫檀　　　　　图版18右

大约为实际大小

作者藏

4　条凳；黄花梨　　　　　　　图版5

节点1、2、6；高52；面板124×52；一对之一

艾尔·马丁（Ilse Martin）藏

5　茶几；红木（印度紫檀）　　图版6左

节点1、2；高85；面板50×40

罗伯特·德拉蒙德与威廉·德拉蒙德藏

6　茶几；黄花梨　　　　　　　含测绘图。

图版6右、7、18左

节点1、2、18、19、20；高84；面板55×48；测绘图中
盖木为修复之后

前被罗伯特·温德（Robert Winter）教授所藏，后被
吴可读（A.L.Pollard-Urquhart）教授收藏

7　方桌；黄花梨　　　　　　　图版8

节点1、3、18、19；原高约80，实高42；面板85×85

德国铁路高级官员冯洛侯（H.J.v.Lochow）藏

8　条几；黄花梨　　仅细节图；参考样例9。

图版9

节点1、3、19；高81.5；面板81×33

作者藏

9　条案；黄花梨　　　　　　　图版10

节点1、3、19；高81；面板223.5×63

宓亨利（H.F.MacNair）教授及夫人藏

10　方桌；黄花梨　　　　　　　图版11

节点1、2、6、19；高82；面板82×82

马蒂亚斯·科莫（Mathias Komor）藏

11　方桌；黄花梨　　　　　　　图版12

节点10、16、19；高84；面板104×104

亨利·魏智夫人藏

12　方桌；黄花梨　　　　　　　图版13

节点1、2、6、16；高82；面板104×104

约翰·霍普-约翰斯通藏

13　条桌；黄花梨　　　　　　　图版14

节点1、2、6；高87；面板158×53

亨利·魏智夫人藏

14　琴桌；黄花梨　　　　　　　含测绘图。

图版15、16、17左

节点1、4；高79；面板144×47

作者藏

14a 红漆琴桌腿　　　　　　　　图版17右

参考奥迪隆·罗什《中国家具》，图版36

作者藏

15　榻；黄花梨　　　　　　　　图版1、19

节点1、2、6、27；高47.5；坐面整体197×105

J.普劳特（J.Plaut）藏

---

①样例表中的上下左右均以该图版观看方向为准。——译者注

16　床；黄花梨　　　　　　　　图版20

节点1、2、6、16、27、28；总高80；坐面高46；坐面整体197×105

罗伯特·德拉蒙德与威廉·德拉蒙德藏

17　床；黄花梨　　含测绘图。图版21—23

节点1、2、6、12、16、27、28；实高77.5，修复后高度约80；修复后坐面高约46；坐面整体204×94

作者藏

18　床；黄花梨　　　　　　　　图版24

节点1、2、6、12、16、27、28；总高97；坐面高47；坐面整体200.5×104.5

杜伯秋（Jean Pierre Dubose）藏

19　床；黄花梨　　　　　　　　图版25

节点1、2、12、27、28；总高97；坐面高48；坐面整体209×126

罗伯特·德拉蒙德与威廉·德拉蒙德藏

20　床；鸡翅木（铁刀木）　　　图版26

节点1、2、16、27、28；总高81；坐面高48；坐面整体217×120

伊迪莎·莱皮奇（Editha Leppich）藏

21　床；黄花梨　　　　　　　　图版27

节点1、2、6、27、28；总高74；坐面高47；坐面整体207×94.5

奥托·伯查德（Otto Burchard）藏

22　床；老花梨（印度紫檀）　　图版28

节点1、2、6、27、28；总高108；坐面高55；坐面整体199.5×125

福克司（Walter Fuchs）教授藏

23　架子床；黄花梨　含测绘图。图版29—34

节点1、2、6、12、16、27；总高242；坐面高52；坐面整体226×160

作者藏

24　架子床；黄花梨　　　　　　图版35

节点1、2、6、27；总高223；坐面高49；坐面整体222×143

亨利·魏智夫人藏

25　架子床；黄花梨　　　　　　图版36

节点1、2、12、27；总高233；坐面高50；坐面整体232×168.5

罗伯特·德拉蒙德与威廉·德拉蒙德藏

26　拔步床[①]；黄花梨　　　　图版37—39

节点1、2、6、12、16、27；加软木底座与软木顶架总高227；总深208；坐面高于底座57；坐面整体207×141；不包括底座与顶架207×207×208

西德尼·M.科珀（Sydney M.Copper）藏

27　脚踏；黄花梨　　　　　　　图版40上

节点10；高12.5；顶面43.5×26.5；一对之一

福克司教授藏

28　脚踏；老花梨　　　　　　　图版40下

节点10、24；高11；顶面69.5×35；一对之一

作者藏

29　冰箱；老花梨（？）　　　　图版41

节点1、2、20；总高72；底座高36；底座顶面总体53×53；盖56×56

西德尼·M.科珀藏

30　条桌；黄花梨　　　　　　　图版42

节点1、21、24；高81；顶面69×39.5

罗伯特·德拉蒙德与威廉·德拉蒙德藏

31　条凳（矮桌）；黄花梨　　　图版43下

节点1、21、24；高32；顶面82.5×57

罗伯特·德拉蒙德与威廉·德拉蒙德藏

①原文为"ta-ch'uang"（大床）。——译者注

32　翘头案；黄花梨　　　　　　　图版44上
节点9、21；独板做；案面高85.5；顶面整体104×35

J.普劳特藏

33　翘头案；黄花梨　　　　　　　图版44下
节点9、21、24；独板做；案面高85；顶面整体99×46

艾琳·施莱尼茨（Irene Schierlitz）藏

34　翘头案；黄花梨　　　　　　　图版45
节点1、9、21、24；案面高84；顶面整体197×49

亨利·魏智夫人藏

35　条桌；黄花梨　　　　　　　　图版73下
节点1、23、24；高82.5；顶面119×38.5

马蒂亚斯·科莫藏

36　平头案；黄花梨　　含测绘图。图版46、47
节点1、7、23、24；高82；顶面180×54

何博礼（R.J.C.Hoeppli）藏

37　条桌；黄花梨　　　　　图版48上、49
节点1、23；高75.5；顶面86×37.5

福克司教授藏

38　条桌；黄花梨　　　　　　　　图版48下
节点1、21、24；高79.5；顶面88×36.5

作者藏

39　平头案；胡桃木（普通胡桃）　图版50
节点1、4；高82.5；顶面192×59

西德尼·M.科珀藏

40　书案；黄花梨　　含测绘图。图版51—53
节点1、23；高84；顶面165×71

作者藏[①]

41　书案；鸡翅木　　　　　　图版54、55
节点1、23、24；高83；顶面272×93

亨利·魏智夫人藏

---

①测绘图中，该样例为"Fu Wan-T'ing. Chün"所藏，或有易主或标注错误。——译者注

42　条凳；黄花梨　　　　　　　　图版56
节点1、21、24；高52；坐面整体189×64

奥托·伯查德藏

43　翘头案；黄花梨　　　　　　　图版57
节点1、9、16、23；案面高83.5；顶面整体162×35

奥托·伯查德藏

44　琴桌；紫檀　　　　　　　　　图版58
节点11；高85；顶面整体152.5×51

福开森藏，他大方提供著作《中国艺术综览》的
插图177给作者转载。

45　琴桌；黄花梨　　含测绘图。图版59—62
节点1、2；高87；顶面145×39

约翰·霍普–约翰斯通藏

46　条凳（矮桌）；黄花梨　　　　图版43上
节点1、5、16；高32；顶面89.5×30.5

意大利驻华大使戴良尼（Taliani de Marchio）及
夫人藏

47　方桌；黄花梨　　　　　　　　图版63
节点11；高80；顶面92×92

奥托·伯查德藏

48　方桌；黄花梨　　　　　　　　图版64
节点1、2、24；高87；顶面98×98；一对之一

C.M.斯凯珀（C.M. Skepper）藏

49　条几；黄花梨　　　　　　　　图版65上
节点11；高82；顶面96×53

亨利·魏智夫人藏

50　条几；黄花梨　　　　　　　　图版65下
节点1、2、16；高87；顶面98×48.5

亚当·v.特罗特·楚·佐尔兹（Adam v.Trott zu
Solz）藏

51　条案；黄花梨　　含测绘图。图版66—68
节点1、2、16；高86；顶面166×62

亚当·v.特罗特·楚·佐尔兹藏

71 架几；黄花梨　　　　　　图版92

节点10、20；总高86.5；顶面41.5×41.5

罗伯特·德拉蒙德与威廉·德拉蒙德藏

72 杌凳；黄花梨　　　　　图版94左

节点1、2、6、27；高49.5；坐面整体55×46；一对之一

作者藏

73 杌凳；红木　　　　图版93、94右

节点1、2、6、16、27；高47；坐面整体59×59；一对之一

J.普劳特藏

74 杌凳；黄花梨　含测绘图。图版95左、96

节点11；木板坐面；高50；坐面42×42；一对之一

作者藏

75 杌凳；黄花梨　　　　　图版95右

节点11、27；高52；坐面整体44×44；一对之一

亨利·魏智夫人藏

76 杌凳；黄花梨　　　　　图版97左

节点1、5、24、27；高48；坐面整体54×54

卜德（Derk Bodde）藏

77 杌凳；黄花梨　　　　　图版97右

节点1、5、24；木板坐面；高52.5；面板74×63

罗伯特·德拉蒙德与威廉·德拉蒙德藏

78 官帽椅；黄花梨　含测绘图。图版98、99

节点16、26、27；总高111；坐面高52；坐面整体49×40；一对之一

作者藏

79 官帽椅；黄花梨　　　　含测绘图。
　　　　　　　　　　图版100、101

节点26、27；总高95；坐面高44；坐面整体51×44；一对之一

法耶·怀特塞德（Faye Whiteside）藏

80 扶手椅；黄花梨　　　　图版102

节点26、27；总高120；坐面高51；坐面整体58.5×46；一对之一

霍福民藏

81 扶手椅；黄花梨　　　　图版103

节点26；木板坐面；总高94；坐面高44.5；坐面整体56×43.5

梅布尔·E.汤姆（Mabel E.Tom）藏

82 扶手椅；黄花梨　　　　图版104

节点16、26、27；总高100.5；坐面高51；坐面整体63×50；一对之一

作者藏

83 扶手椅；黄花梨　　　　图版105左

节点26、27；总高105；坐面高50；坐面整体65×49.5；一组四件之一

冈瑟·胡维尔（Günther Huwer）教授藏

84 扶手椅；黄花梨　　　　图版105右

节点26、27；总高105.5；坐面高48；坐面整体55×43.5；一对之一

福克司教授藏

85 圈椅；黄花梨　　　　　图版106左

节点22、26、27；总高88；坐面高48；坐面整体59×45.5；一对之一

罗伯特·德拉蒙德与威廉·德拉蒙德藏

86 圈椅；黄花梨　　　　　图版106右

节点22、26、27；总高99.5；坐面高51；坐面整体60×47；一对之一

作者藏

87　圈椅；黄花梨　含测绘图。图版107—109
节点22、26、27；总高102；坐面高52；坐面整体
62×48；一对之一
莱奥诺·希诺夫斯基（Leonore Lichnowsky）与
艾琳·施莱尼茨（Irene Schierlitz）藏[1]

88　扶手椅；红木　　　　　图版110左
节点26；木板坐面；总高91；坐面整体
66×50；一对之一
艾克敦藏

89　扶手椅；黄花梨　　　　图版110右
节点26、27；总高82；坐面高49；坐面整体
62×41；一对之一
德国铁路高级官员冯洛侯藏

90　竖柜；黄花梨　　　　　图版111
节点1、8、11、17；高189；面板98×53；一对之一
意大利驻华大使戴良尼及夫人藏

91　竖柜；黄花梨　　　图版112、158左下
节点1、8、11、17；高172；面板99×54；一对之一
艾琳·施莱尼茨夫人藏

92　竖柜；黄花梨　　　仅细节图。图版113
腿足加牙板高28；面叶高30；一对之一
罗伯特·德拉蒙德与威廉·德拉蒙德藏

93　竖柜；黄花梨　　　　　图版114左
节点1、8、11、17；高153；面板74×40；一对之一
罗伯特·德拉蒙德与威廉·德拉蒙德藏

94　竖柜；黄花梨、瘿木板
含测绘图。图版114右—116
节点1、8、11、17；高125；面板75×45；一对之一
作者藏

95　竖柜；润楠、瘿木板　　　图版117左
节点1、8、11、17；高181.5；面板96.5×54；一对之
一，打开柜门以展示内部空间
卡尔·格鲁伯（Karl Gruber）藏

96　竖柜；润楠、瘿木板　　　图版117右
节点1、8、11、17；高186；面板100.5×54；一对之一
亨利·魏智夫人藏

97　门户橱；黄花梨　　　　含测绘图。
图版118—120
节点1、9、23、24；顶面板高90；面板整体170×57
作者藏

98　门户橱；黄花梨　　　　图版121
节点1、9、23、24；顶面板高83；面板整体190×62
马蒂亚斯·科莫藏

99　连二橱；黄花梨　　　　图版122上
节点1、9、23、32；顶面板高85；面板整体139×49
罗伯特·德拉蒙德与威廉·德拉蒙德藏

100　柜橱；黄花梨
含测绘图。图版122下—124、156、157
节点1、29—32；高86；面板128×54
作者藏

101　四件柜；黄花梨　　　图版125、156、157
节点1、29—32、34；立柜高180.5；顶箱高80；单
件面板104.5×54.5
亨利·魏智夫人藏

102　顶竖柜；黄花梨　　　图版126、157
节点1、29—32、34；立柜高206.5；顶箱高74；面
板172.5×71；一对之一
冈瑟·胡维尔教授藏

---

[1] 在测绘图中标注为谢礼士（E.Schierlitz）藏，或有
易主或标注错误。—— 译者注

103 顶竖柜；黄花梨　　　　　含测绘图。

图版127—130、158、159

节点1、29—34；立柜高185；顶箱高92；面板

142×71；一对之一

纪佑穆（Baron Jules Guillaume）及作者藏，

L.德·赫塞尔（L.de Hessel）藏有一件类似家具

104 竖柜；黄花梨　　　　　图版131

节点1、29—32、34；高198.5；面板115×51；一对

之一

罗伯特·德拉蒙德与威廉·德拉蒙德藏

105 竖柜；黄花梨　　　　　含测绘图。

图版132、133、156、158

节点1、29—32、34；高160；面板82×47；一对之一

作者藏

106 橱柜；黄花梨　　　　　图版134

节点1、29—32、34；立柜高86.5；顶箱高68.5；立

柜面板73×58；顶箱面板69.5×54.5

杜伯秋藏

107 药橱；黄花梨　　　　　图版135

节点1、15、29—31；高58；面板55×35；底部照片

展示了药橱打开的样子，可见小抽屉及中央佛龛

何博礼藏

108 药橱；黄花梨

图版136上、159左上（放大）、160

节点1、15、29—31；高33；面板31×22.5

杨宗翰藏

109 药箱；黄花梨　　　　　图版136下

节点1、15、燕尾榫；高39；面板37.5×31；一对之一

莱奥诺·希诺夫斯基和贝特·克里格

（Beate Krieg）藏

110 三脚圆几；黄花梨　　　含测绘图。

图版137、138

节点1、4、20、22；总高87；面板直径47.5

曾幼荷藏

111 五脚圆几；润楠　　　　图版139、140

节点1、4；总高91；面板直径38

冈瑟·胡维尔教授藏

112 瓜棱墩；黄花梨　　　　图版141左

节点1；高41；面板直径26

作者藏

113 鼓儿墩；红木　　　　　图版141右

节点1、4；高51.5；面板直径37.5

何博礼藏

114 烛台；紫檀　　　　　　图版142

高149（不含灯罩）

亨利·魏智夫人藏

115 烛台；黄花梨　　　　　图版142

降下时高126（不含灯罩）

作者藏

116 烛台；黄花梨　　　　　图版142

高163.5（不含灯罩）

作者藏

117 盆架；黄花梨

图版143左、148上、151上

搭脑高170

作者藏

118 盆架；黄花梨　　　　　图版143右、148下

搭脑高180

作者藏

119 盆架；黄花梨

图版144、149上、150上、151下

搭脑高167.5

亨利·魏智夫人藏

120 架子；黄花梨　　　　　图版145

总高70

汉斯·韦克塞尔（Hans Wechsel）藏

121 衣架；黄花梨　　　　　　　　图版146

　　搭脑高166.5；顶部高175.5；底足处宽55.5

　　　　　　　　　　　　　　亨利·魏智夫人藏

122 衣架；黄花梨　　　　图版147、149、150

　　搭脑高168.5；顶部高176；底足处宽47.5

　　　　　　　　　　　　　　　　作者藏

中国花梨家具考图版

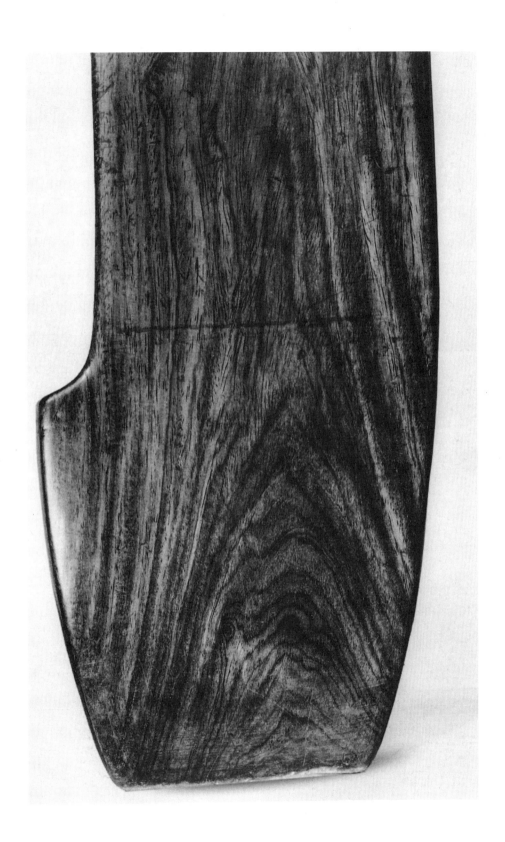

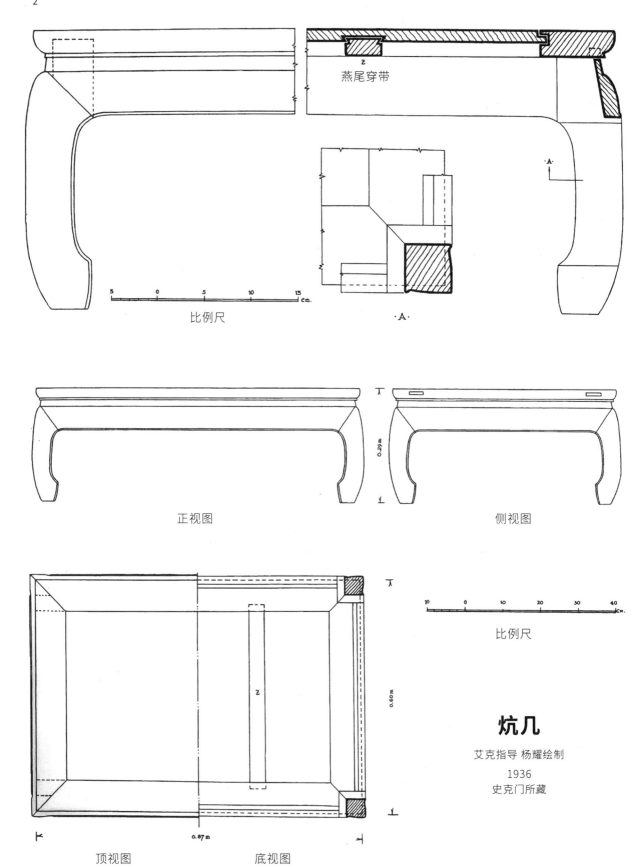

燕尾穿带

5　　0　　　5　　　10　　　15 Cm.

比例尺

·A

·A·

正视图

侧视图

0.29 m

10　　0　　　10　　　20　　　30　　　40 Cm.

比例尺

0.60 m

0.87 m

顶视图

底视图

炕几

艾克指导 杨耀绘制

1936

史克门所藏

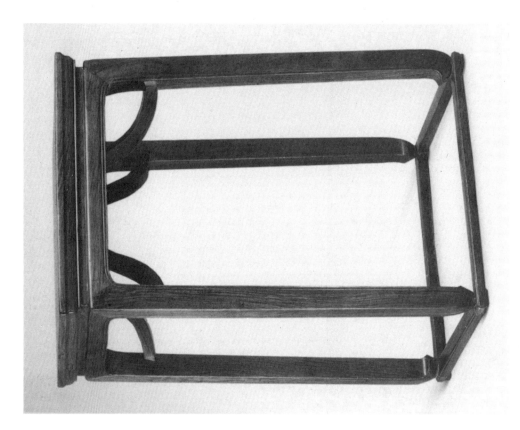

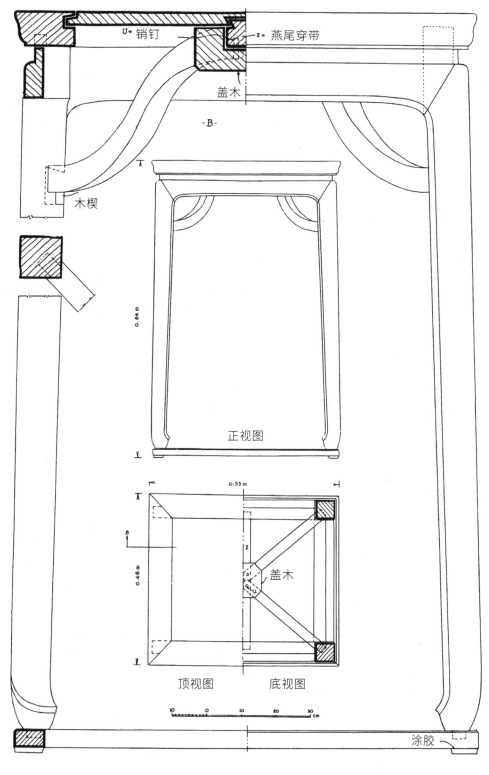

U= 销钉　　　　乙= 燕尾穿带

盖木

·B·

木楔

正视图

0.84 m

0.55 m

0.48 m

盖木

顶视图　　　底视图

涂胶

10　　0　　10　　20　　30
　　　　　　　　　　　cm

5　0　　5　　10　　15 cm

比例尺

茶几

艾克指导 杨耀绘制

1938

吴可读所藏

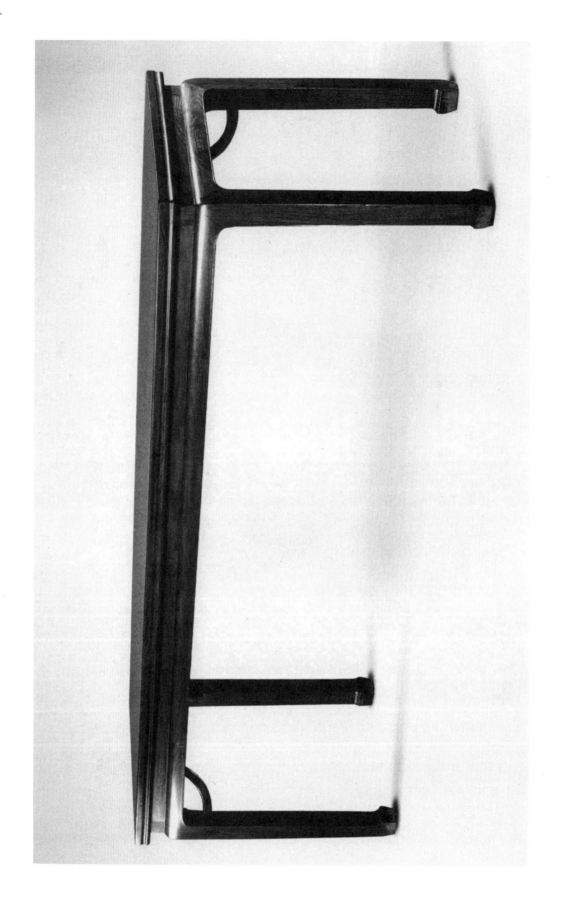

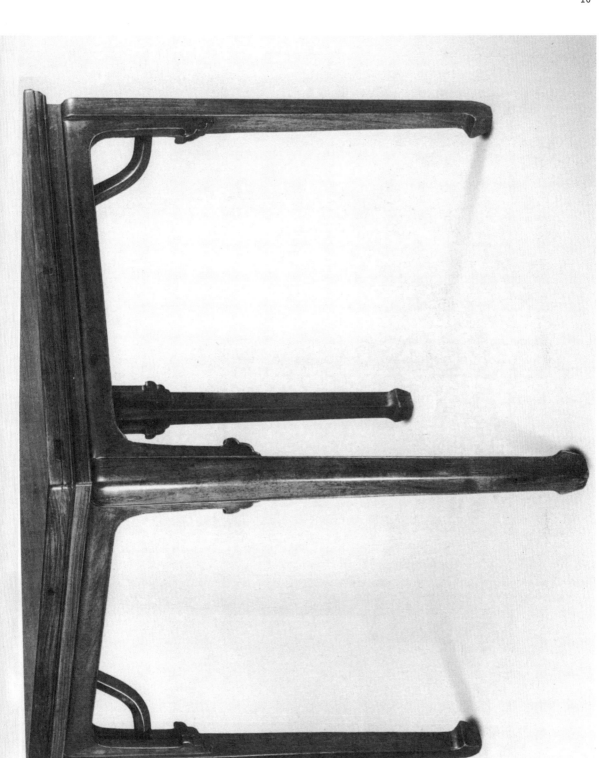

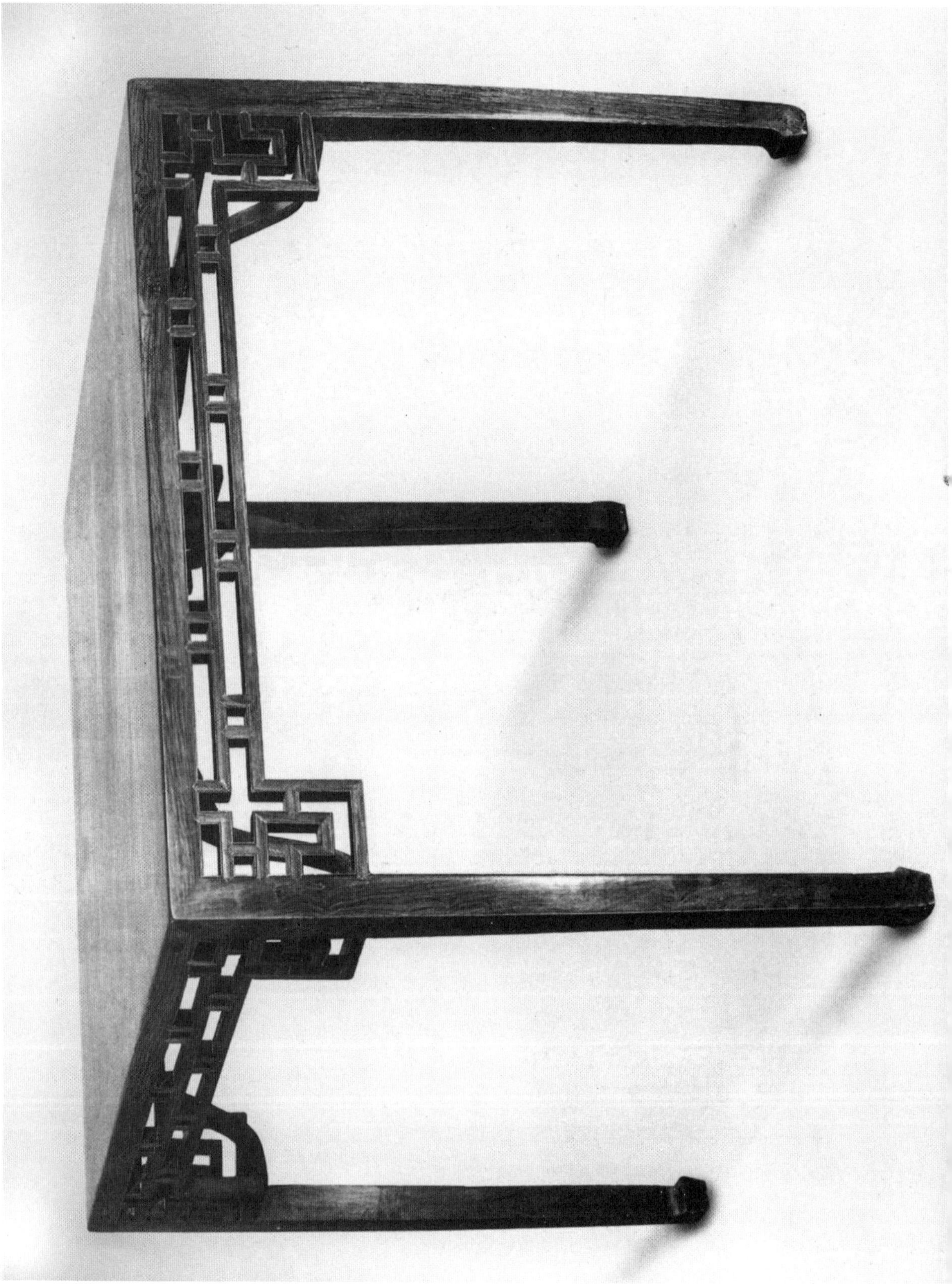

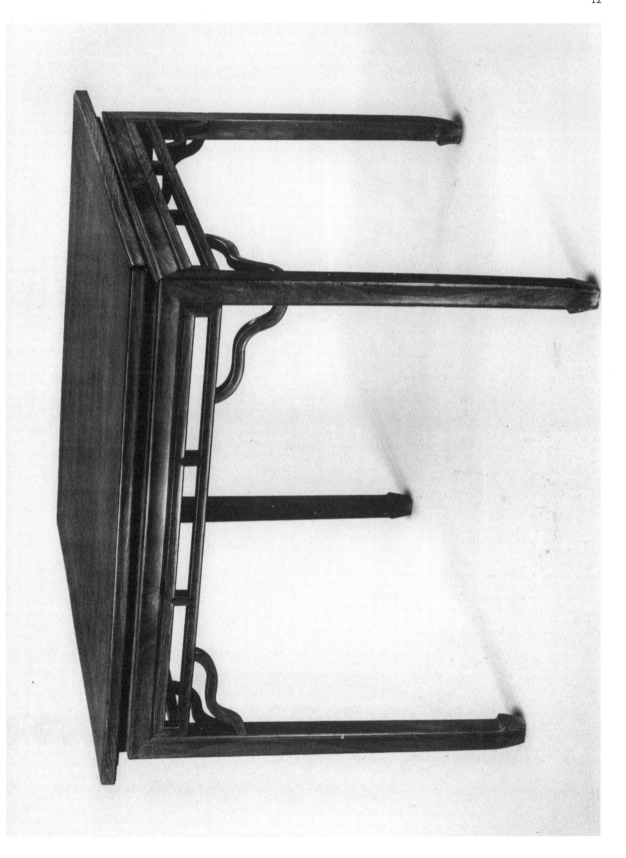

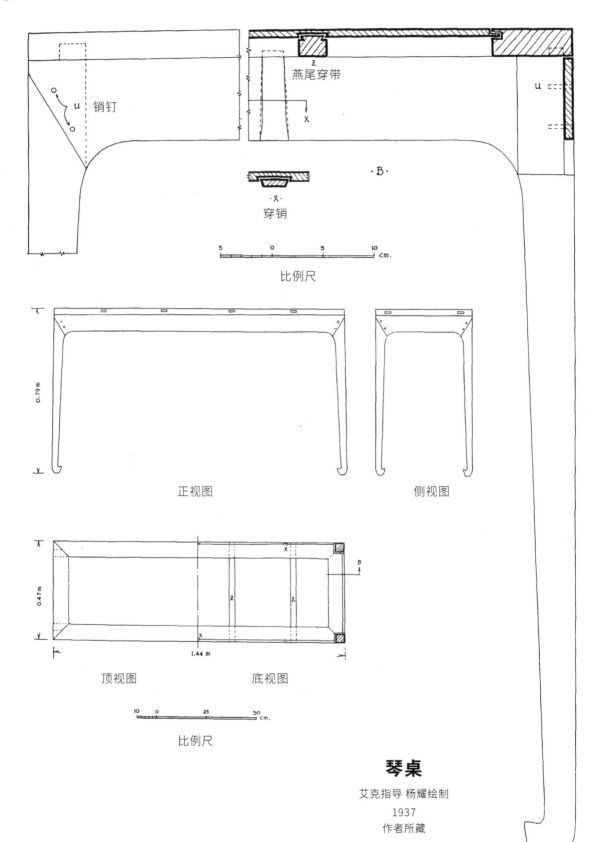

燕尾穿带

销钉 u

穿销

·X·

·B·

比例尺

5 0 5 10 cm.

正视图

侧视图

0.79 m

顶视图

底视图

0.47 m

1.44 m

比例尺

10 0 25 50 cm.

琴桌

艾克指导 杨耀绘制

1937

作者所藏

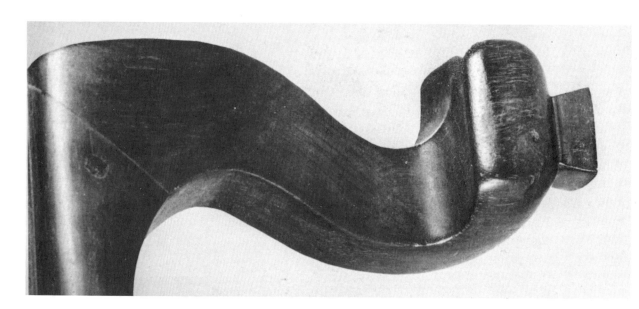

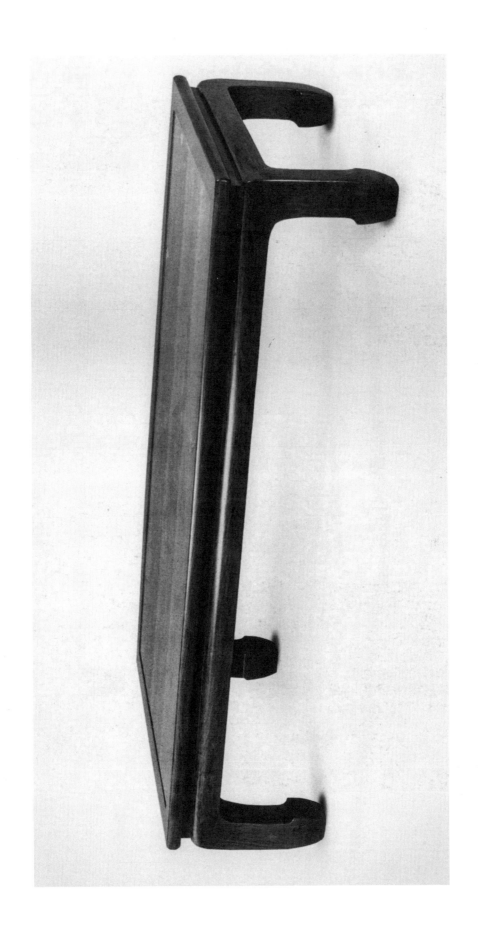

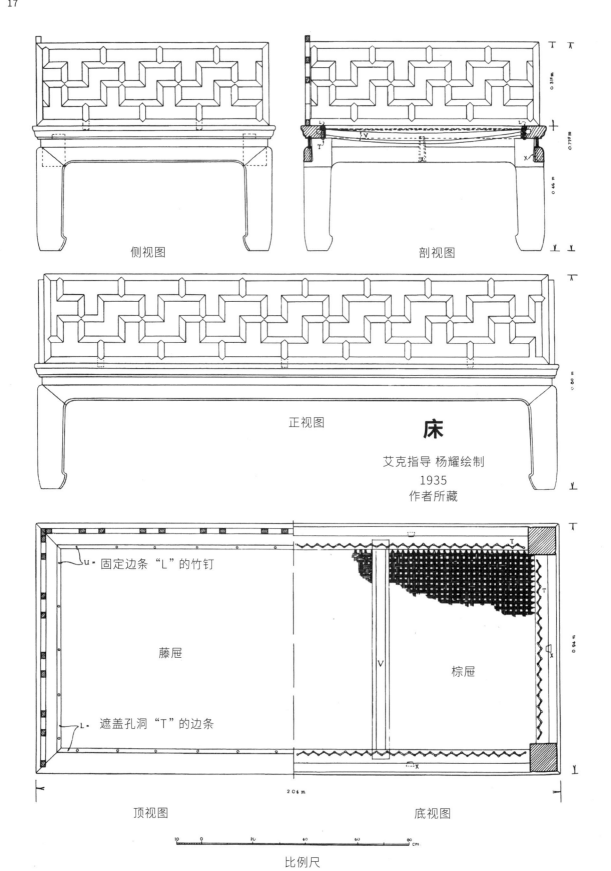

侧视图

剖视图

正视图

床

艾克指导 杨耀绘制
1935
作者所藏

u - 固定边条 "L" 的竹钉

藤屉

棕屉

L - 遮盖孔洞 "T" 的边条

顶视图

底视图

比例尺

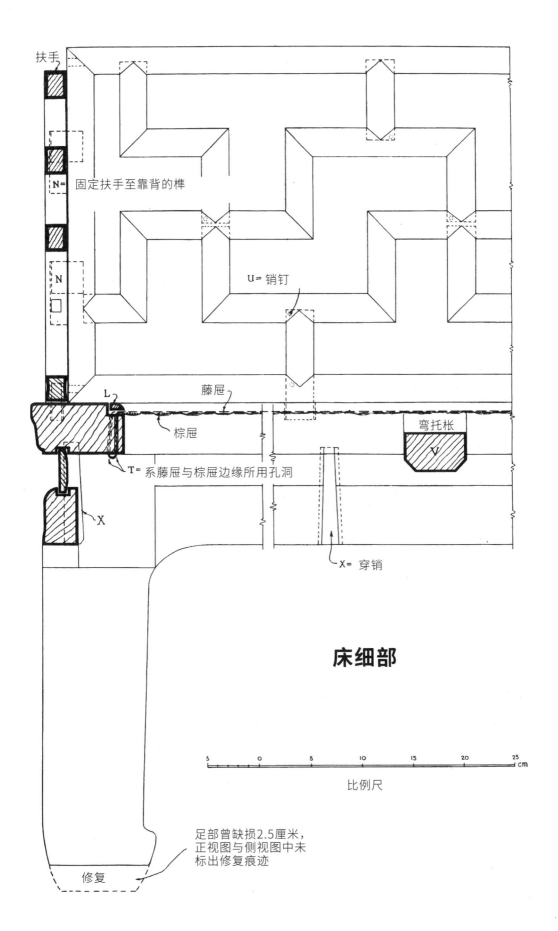

扶手

固定扶手至靠背的榫

N=

N

U= 销钉

L

藤屉

棕屉

弯托枨

V

X

T= 系藤屉与棕屉边缘所用孔洞

X= 穿销

床细部

5　0　5　10　15　20　25　cm

比例尺

足部曾缺损2.5厘米，
正视图与侧视图中未
标出修复痕迹

修复

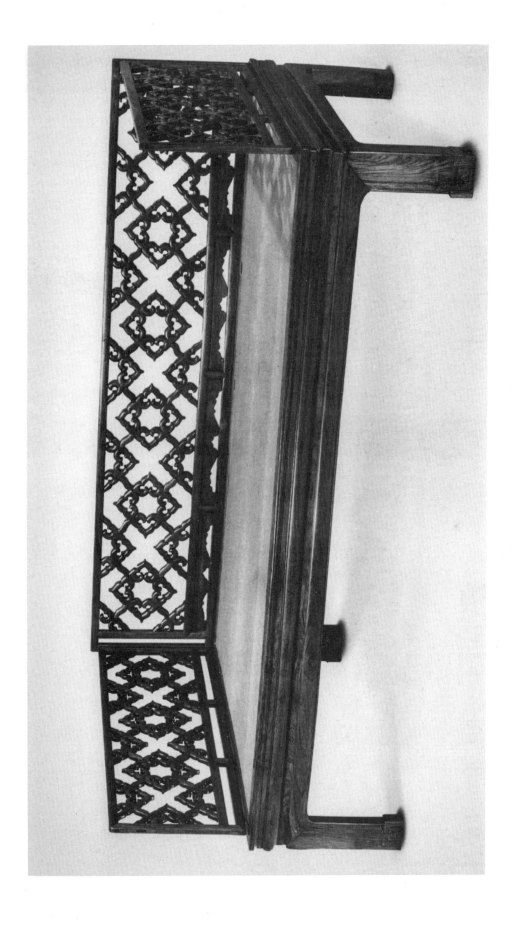

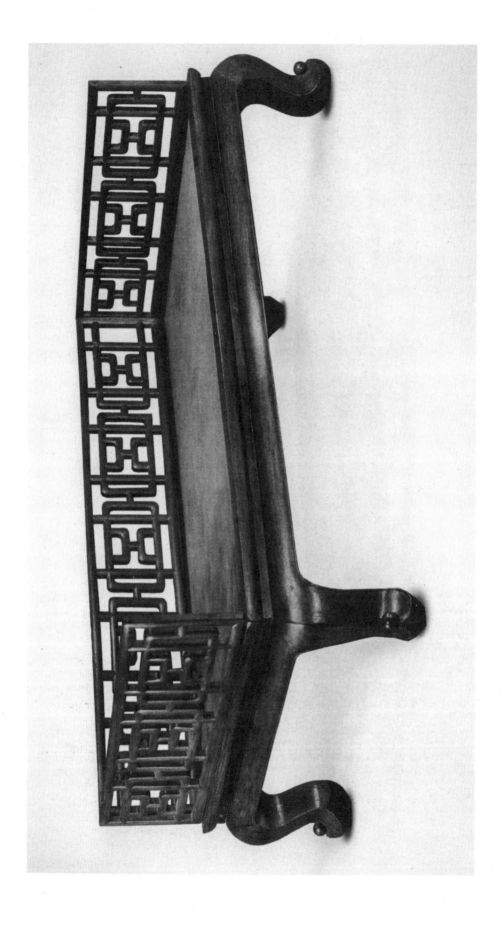

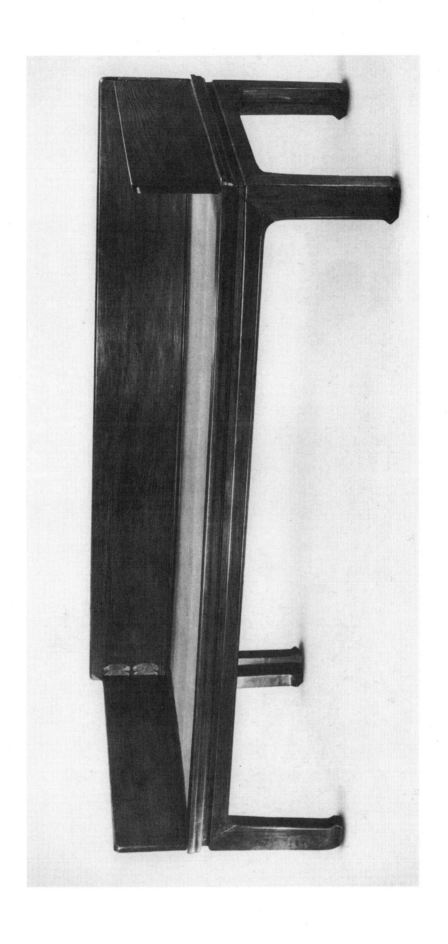

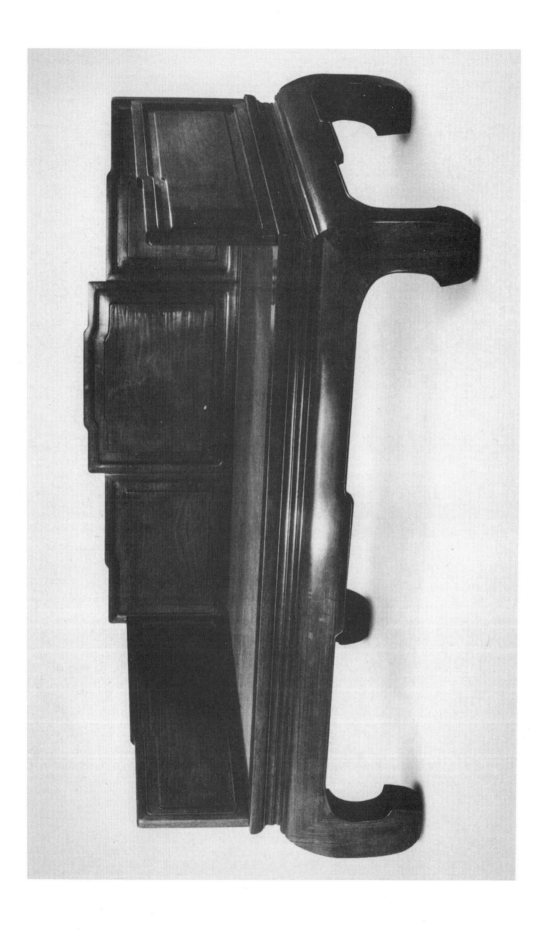

正视图

架子床

艾克指导 杨耀绘制
1937
作者所藏

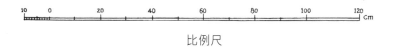

比例尺

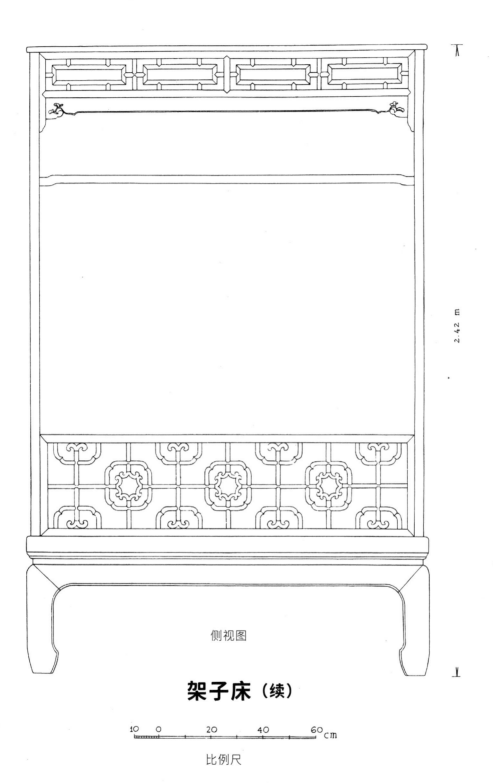

2.42 m

侧视图

架子床（续）

10 0   20   40   60 cm

比例尺

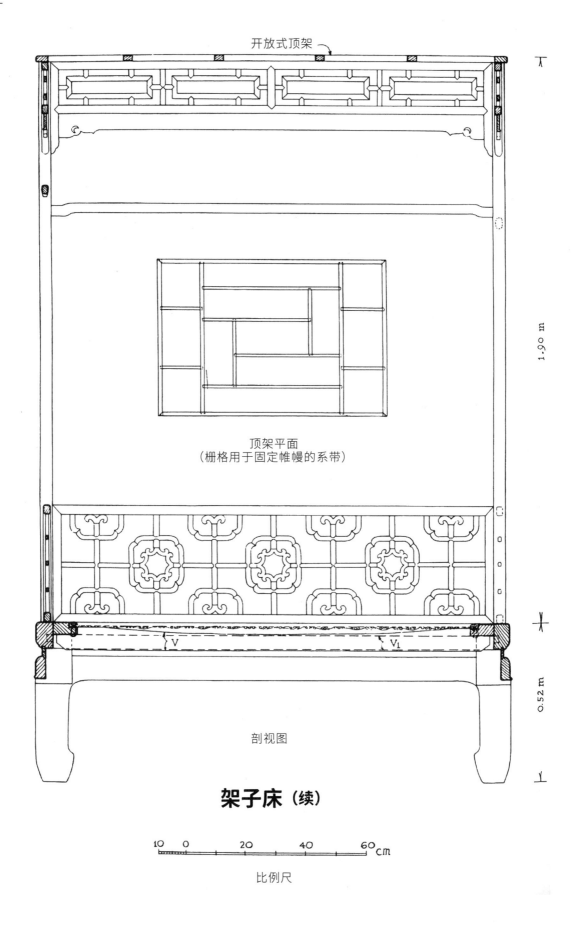

开放式顶架

1·90 m

顶架平面
（栅格用于固定帷幔的系带）

V V₁

0.52 m

剖视图

架子床 (续)

10 0   20   40   60 cm

比例尺

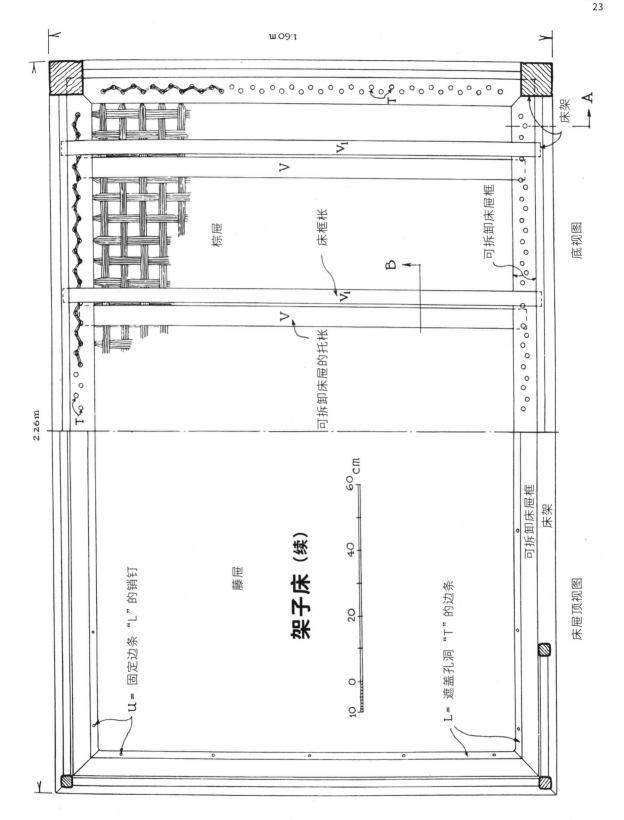

架子床（续）

藤屉

U = 固定边条 "L" 的销钉

L = 遮盖孔洞 "T" 的边条

10 0   20   40   60 cm

可拆卸床屉框
床架

床屉顶视图

1.60 m

2.26m

棕屉

床框杖

可拆卸床屉的托杖

可拆卸床屉框

床架

V₁
V
V₁
V

T

T

A
B

底视图

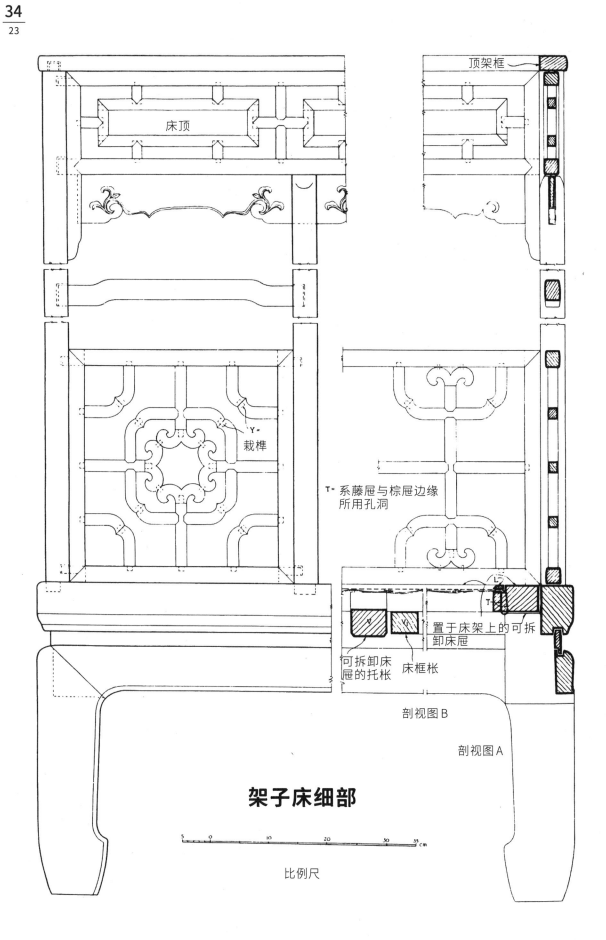

顶架框

床顶

栽榫
Y=

T= 系藤屉与棕屉边缘
所用孔洞

置于床架上的可拆
卸床屉

可拆卸床
屉的托枨

床框枨

剖视图B

剖视图A

架子床细部

比例尺

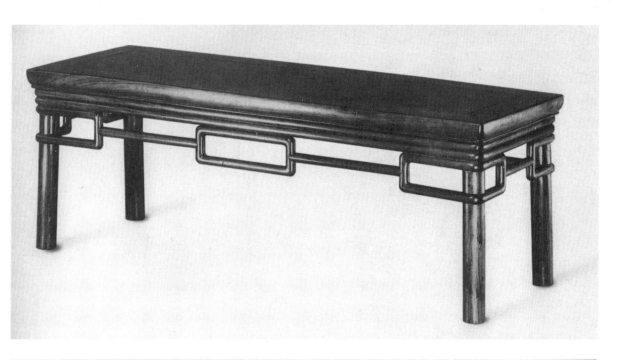

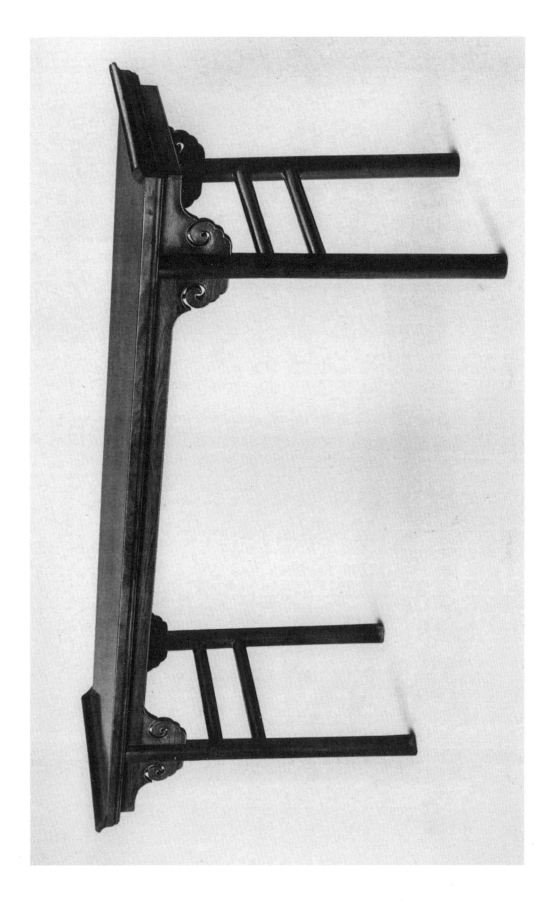

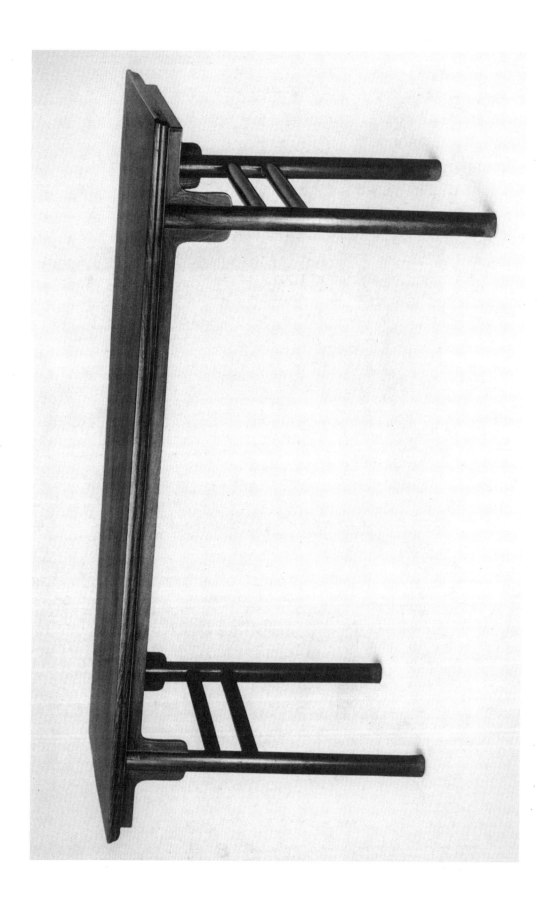

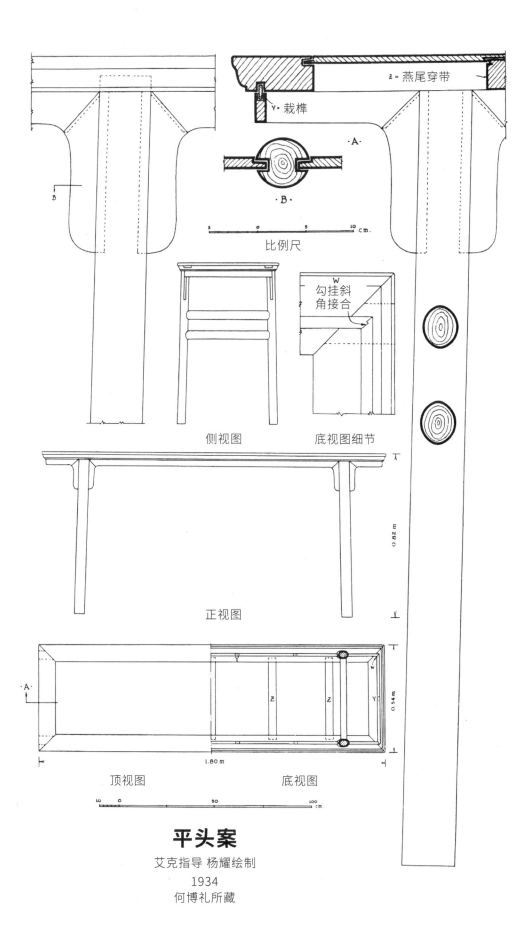

z = 燕尾穿带

Y = 栽榫

·A·

·B·

5   0   5   10 cm.

比例尺

勾挂斜
角接合

侧视图   底视图细节

0.82 m

正视图

0.54 m

·A·

1.80 m

顶视图   底视图

10 0   50   100 cm.

平头案

艾克指导 杨耀绘制

1934

何博礼所藏

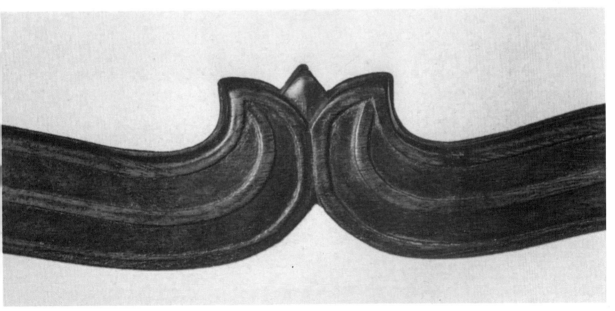

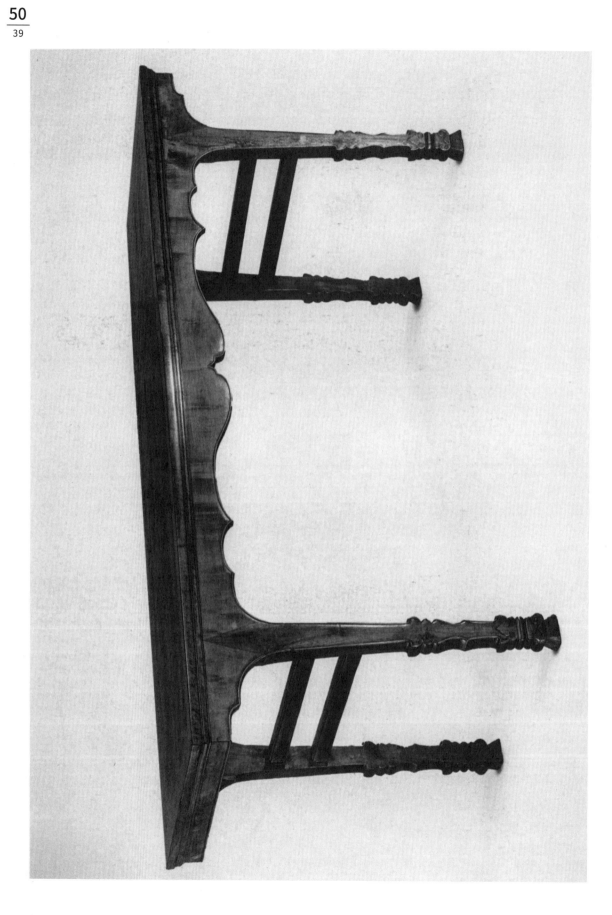

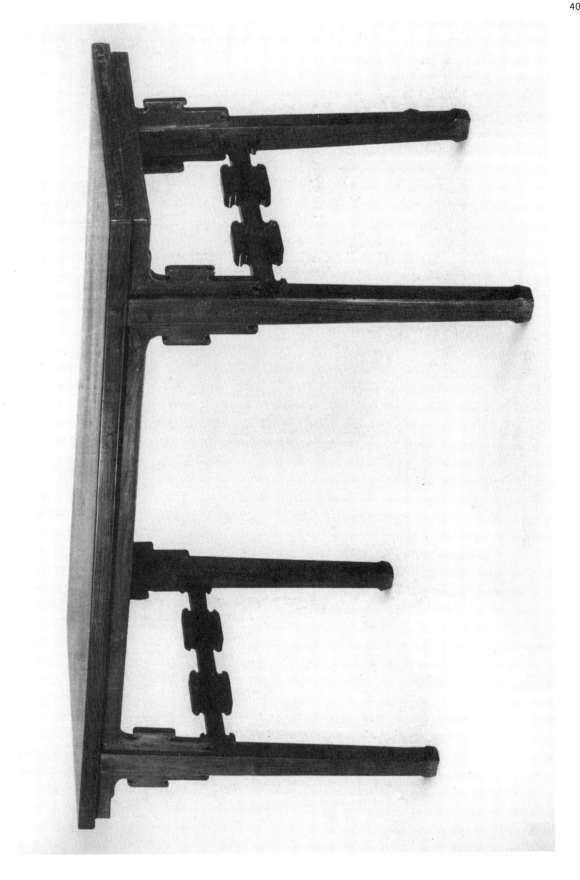

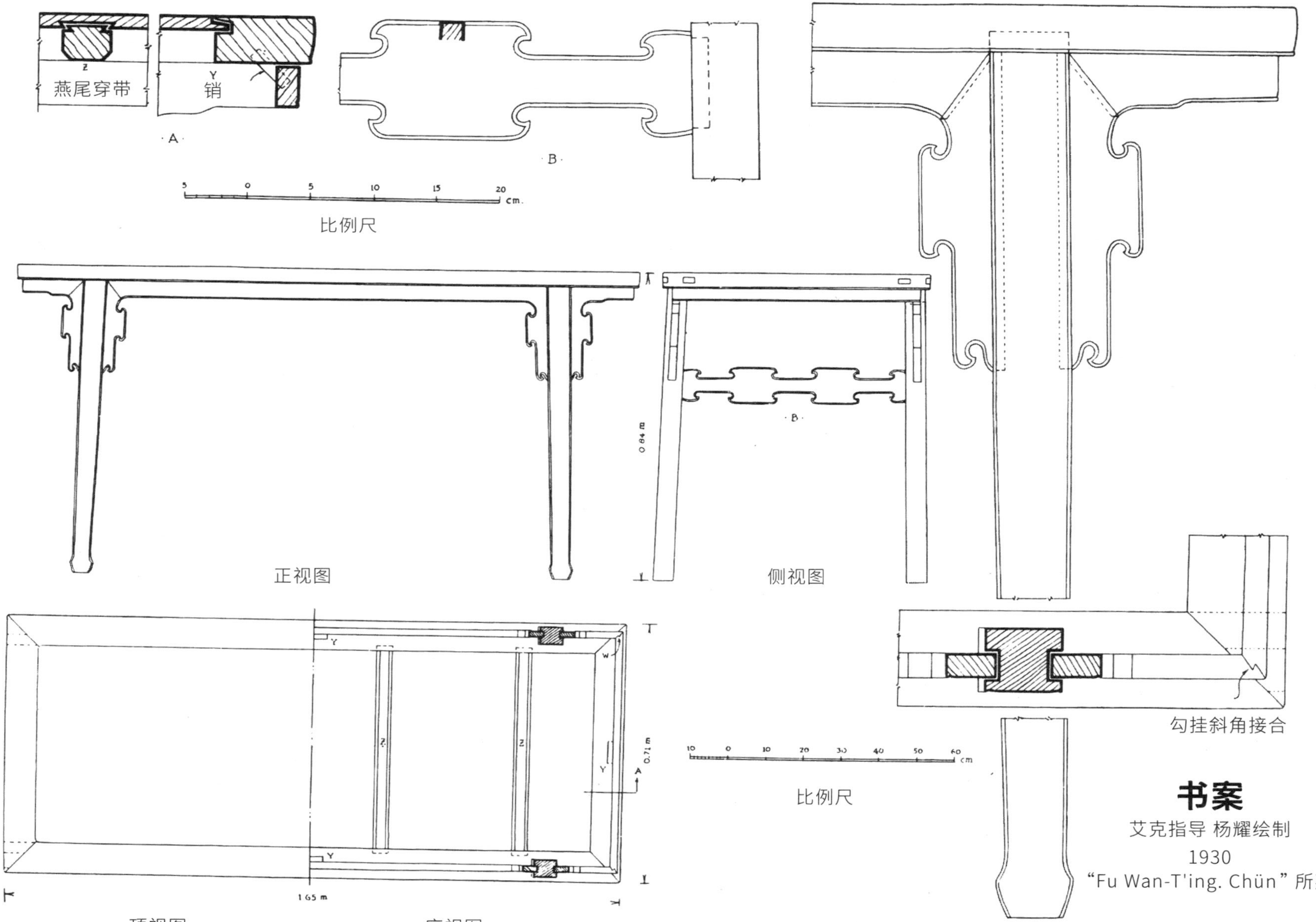

书案
艾克指导 杨耀绘制
1930
"Fu Wan-T'ing. Chün" 所藏

勾挂斜角接合

侧视图

比例尺

正视图

顶视图

底视图

燕尾穿带

销

比例尺

比例尺

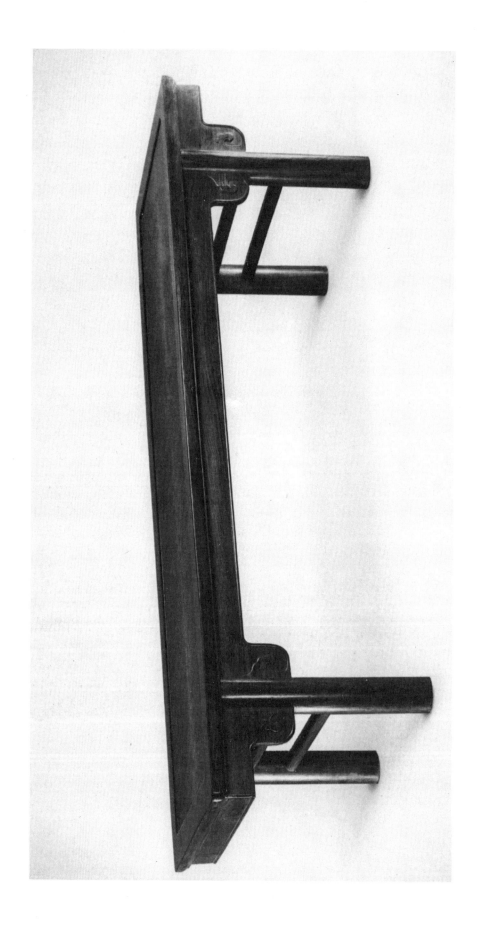

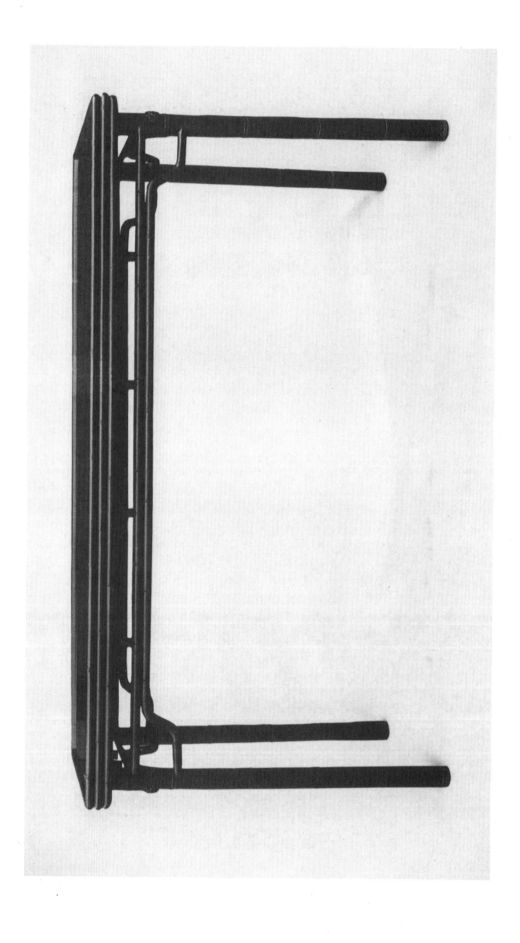

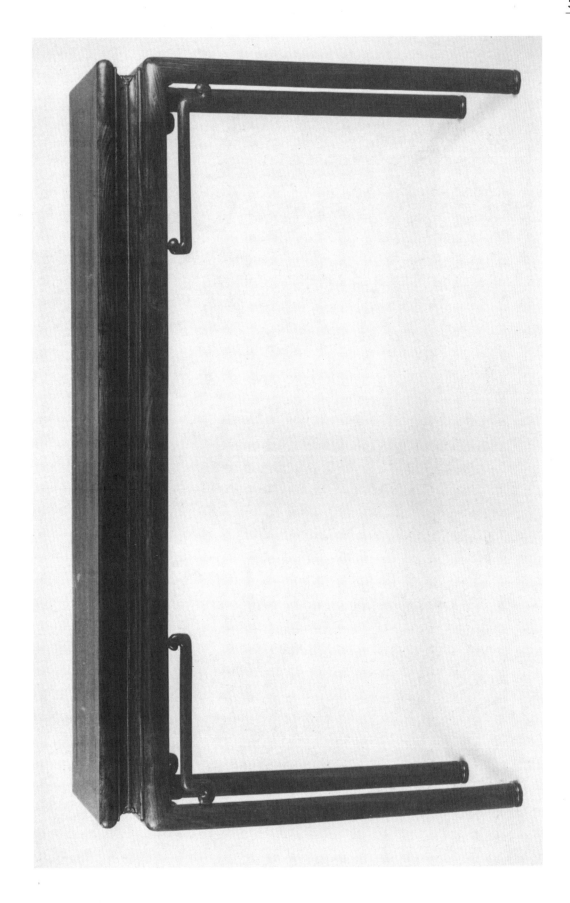

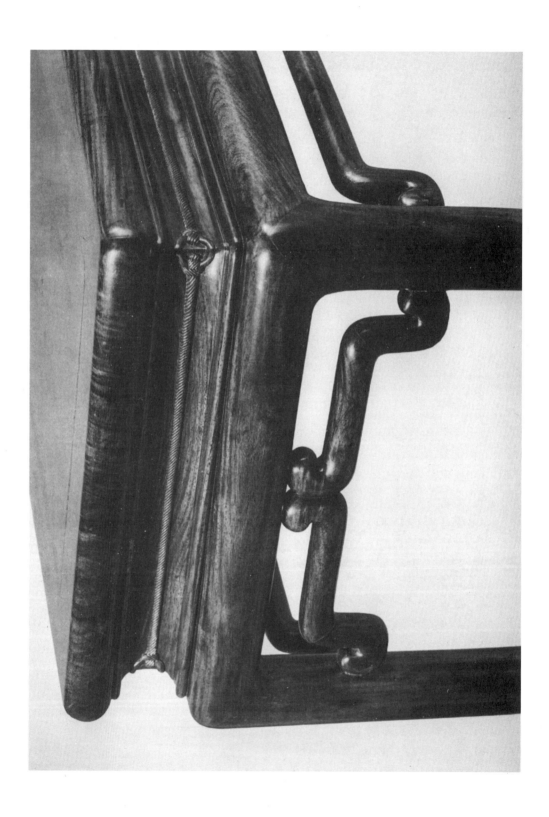

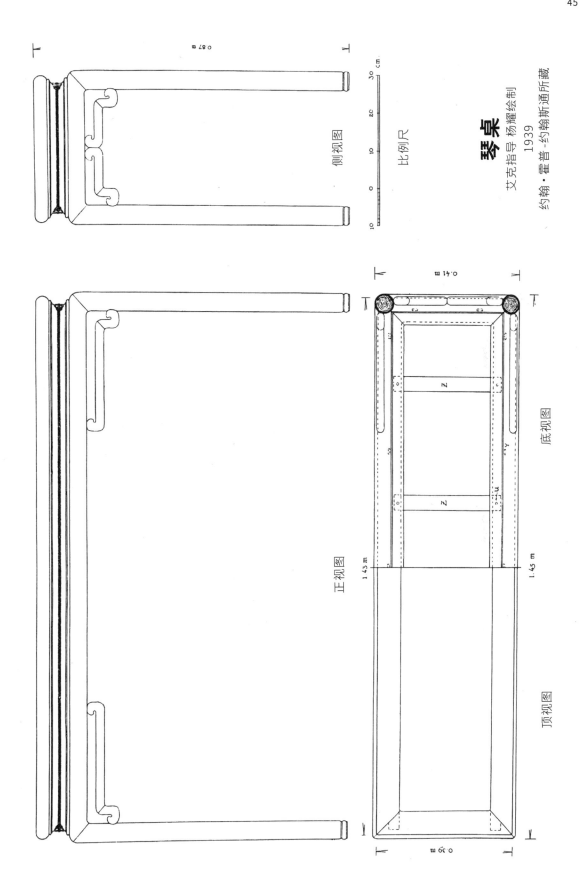

琴桌

艾克指导 杨耀绘制
1939

约翰·霍普·约翰斯通所藏

0.87 m

比例尺

侧视图

正视图

底视图

顶视图

0.41 m

1.43 m

1.45 m

0.39 m

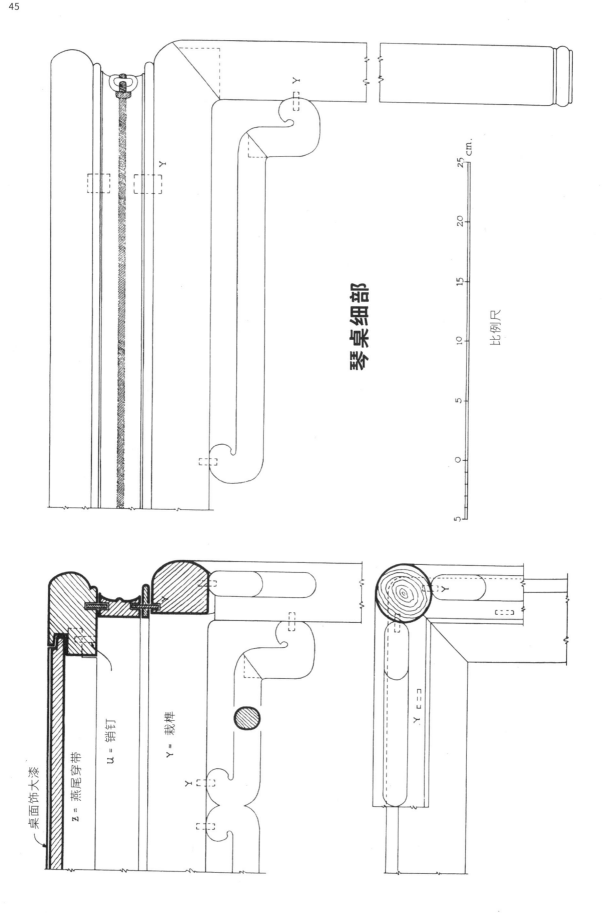

琴桌细部

比例尺

25 cm.
20
15
10
5
0
5

桌面饰大漆

z = 燕尾穿带

u = 销钉

Y = 栽榫

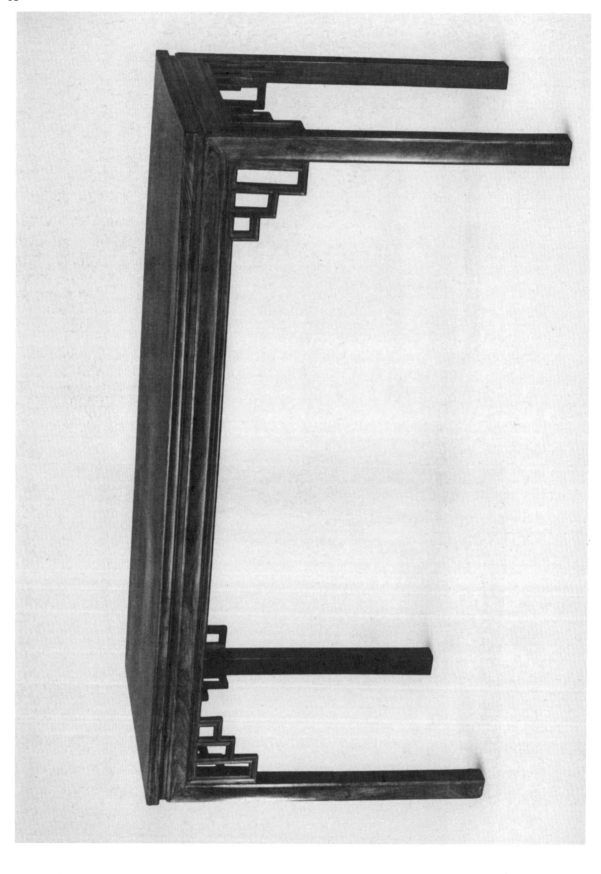

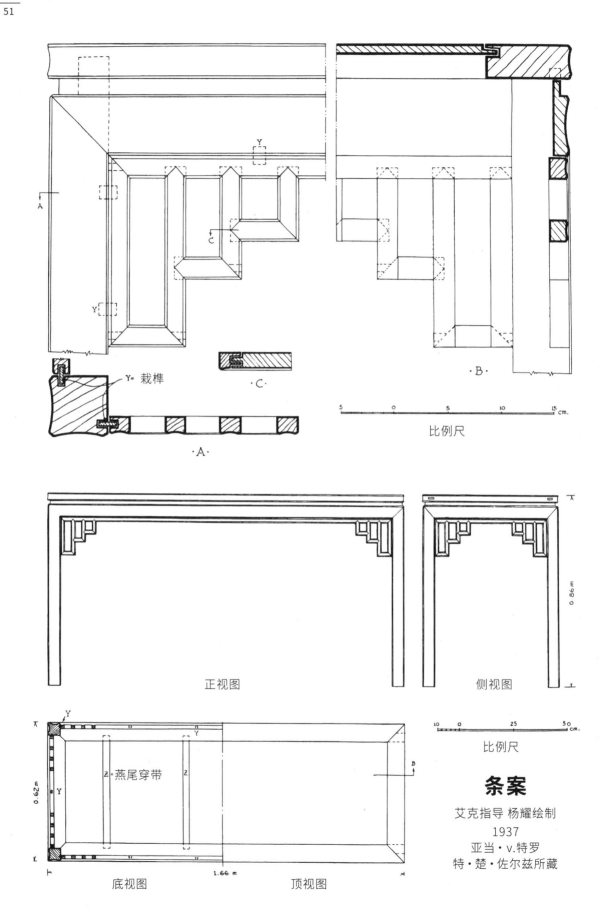

Y= 栽榫

·C·

·A·

·B·

正视图

侧视图

0.86 m

底视图　　　　　　1.66 m　　　顶视图

0.62 m

Z·燕尾穿带

条案

艾克指导 杨耀绘制
1937
亚当·v.特罗
特·楚·佐尔兹所藏

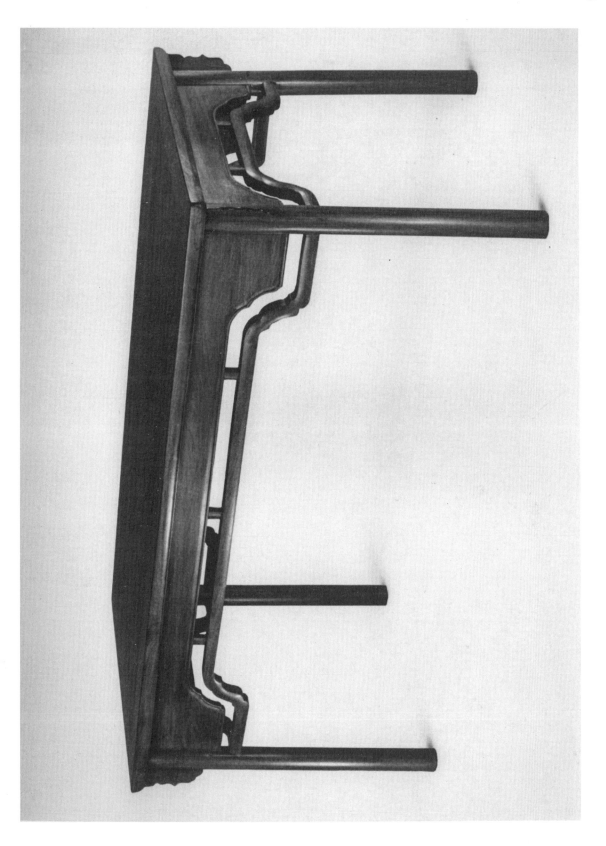

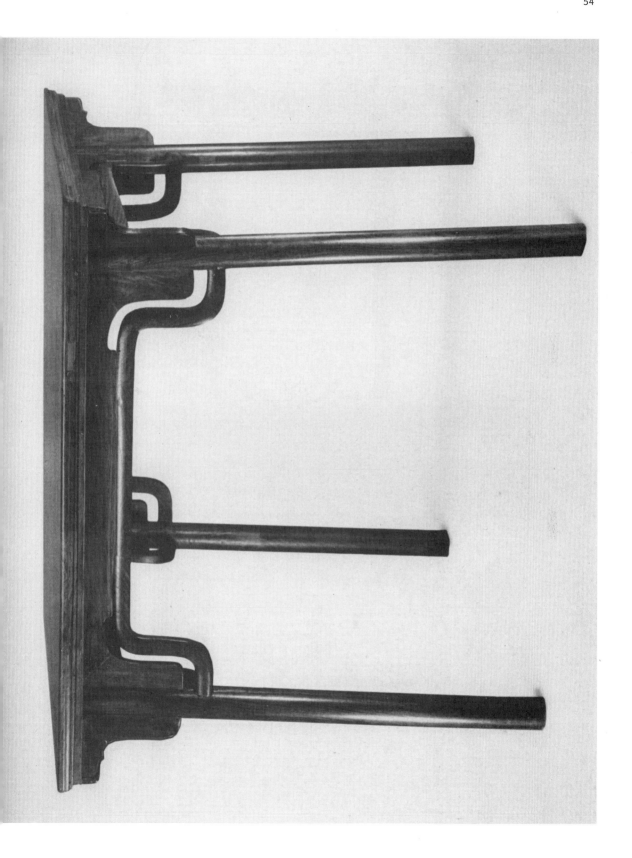

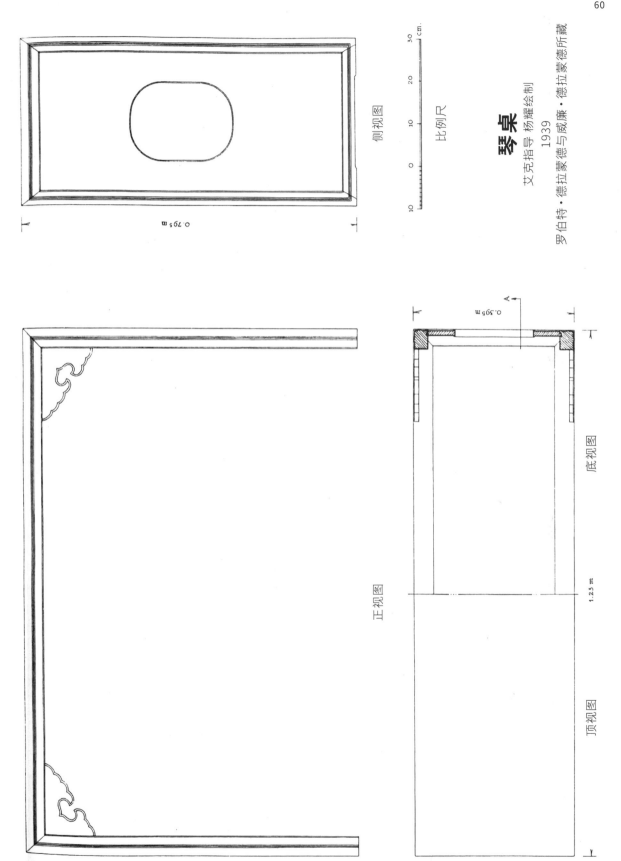

琴桌

艾克指导 杨耀绘制
1939
罗伯特·德拉豪德与威廉·德拉豪德所藏

侧视图

比例尺

cm.
30   20   10   0   10

0.795 m

正视图

顶视图

底视图

0.595 m

1.25 m

A

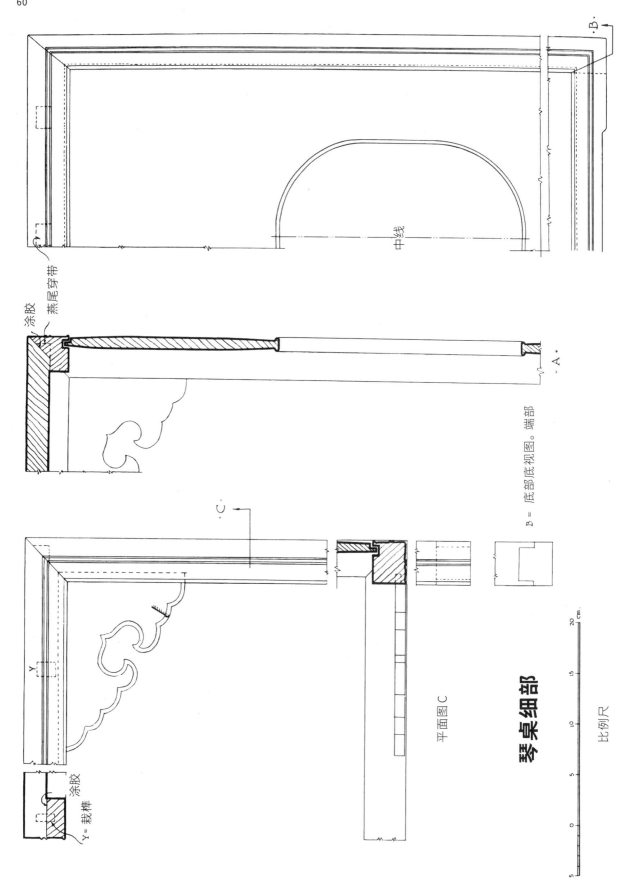

涂胶

燕尾穿带

中线

A·

B·

B = 底部底视图。端部

C·

Y

涂胶

Y = 栽榫

平面图C

琴桌细部

比例尺

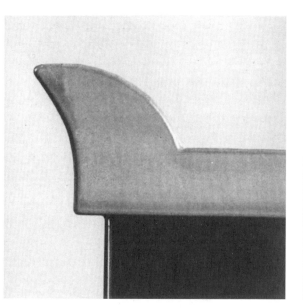

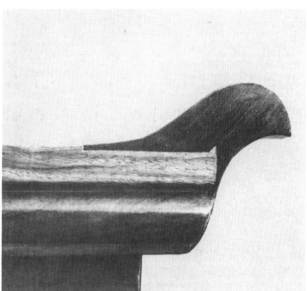

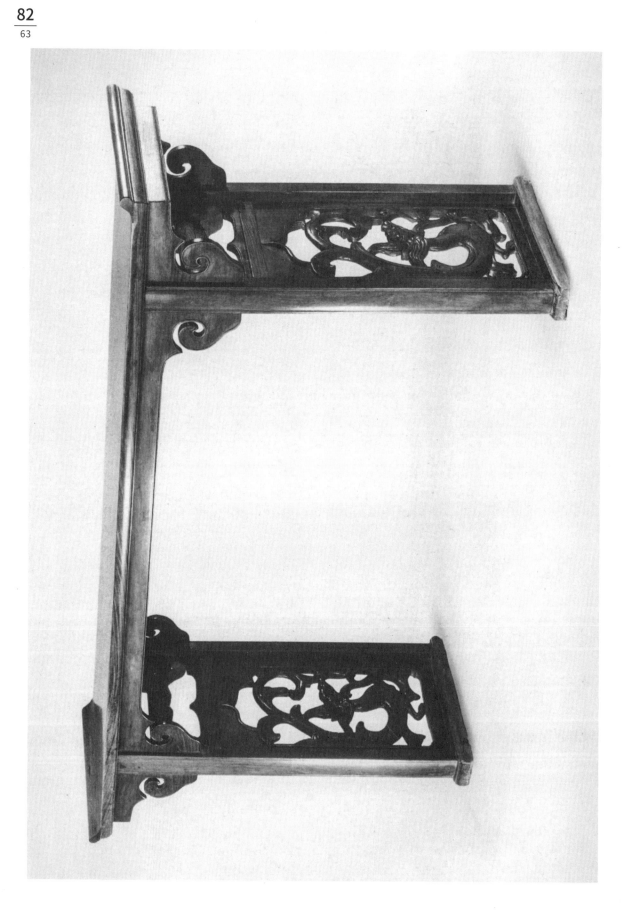

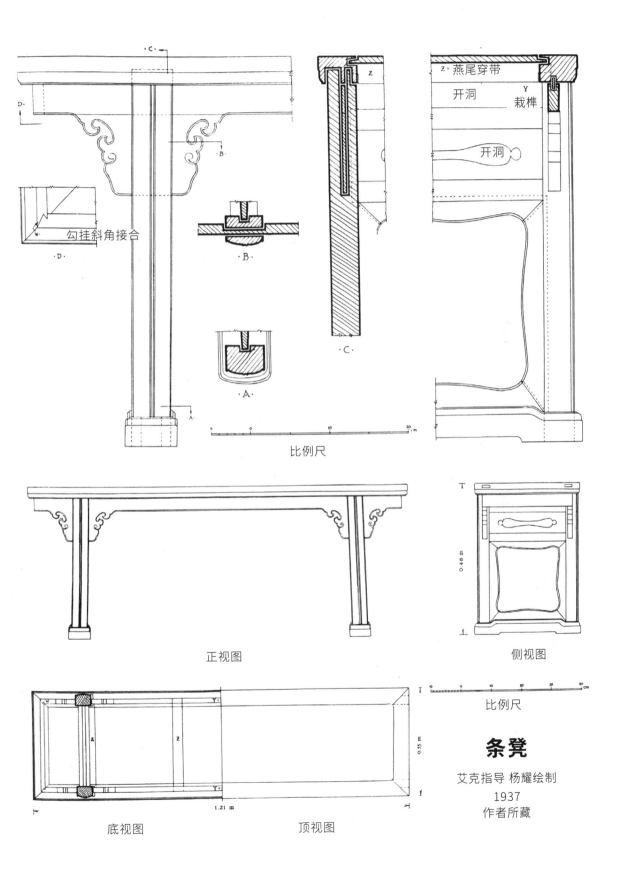

勾挂斜角接合

·D·

·B·

·A·

·C·

燕尾穿带

开洞　　　栽榫

开洞

比例尺

正视图

侧视图

比例尺

1.21 m

底视图　　　　顶视图

条凳

艾克指导 杨耀绘制

1937

作者所藏

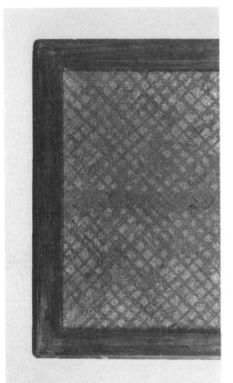

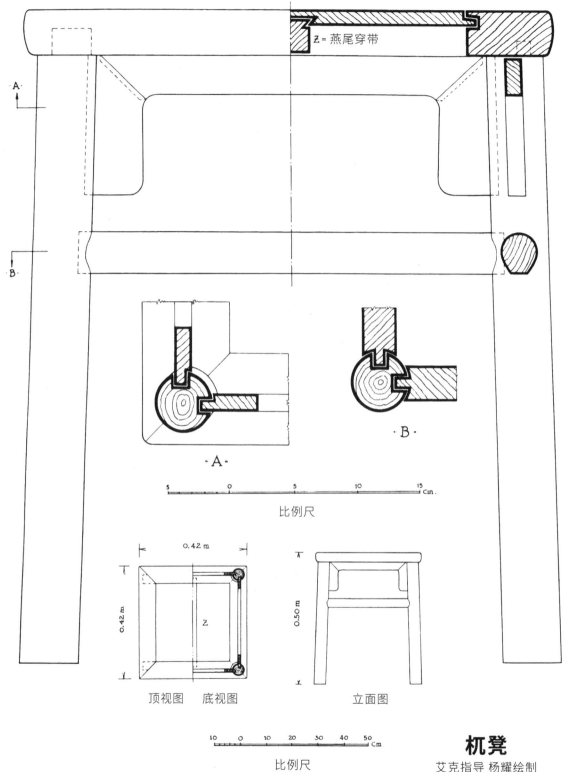

Z = 燕尾穿带

·A·

·B·

5   0   5   10   15

Cm.

比例尺

0.42 m

0.42 m

Z

0.50 m

顶视图   底视图

立面图

10   0   10   20   30   40   50

Cm.

比例尺

杌凳

艾克指导 杨耀绘制

1934

作者所藏

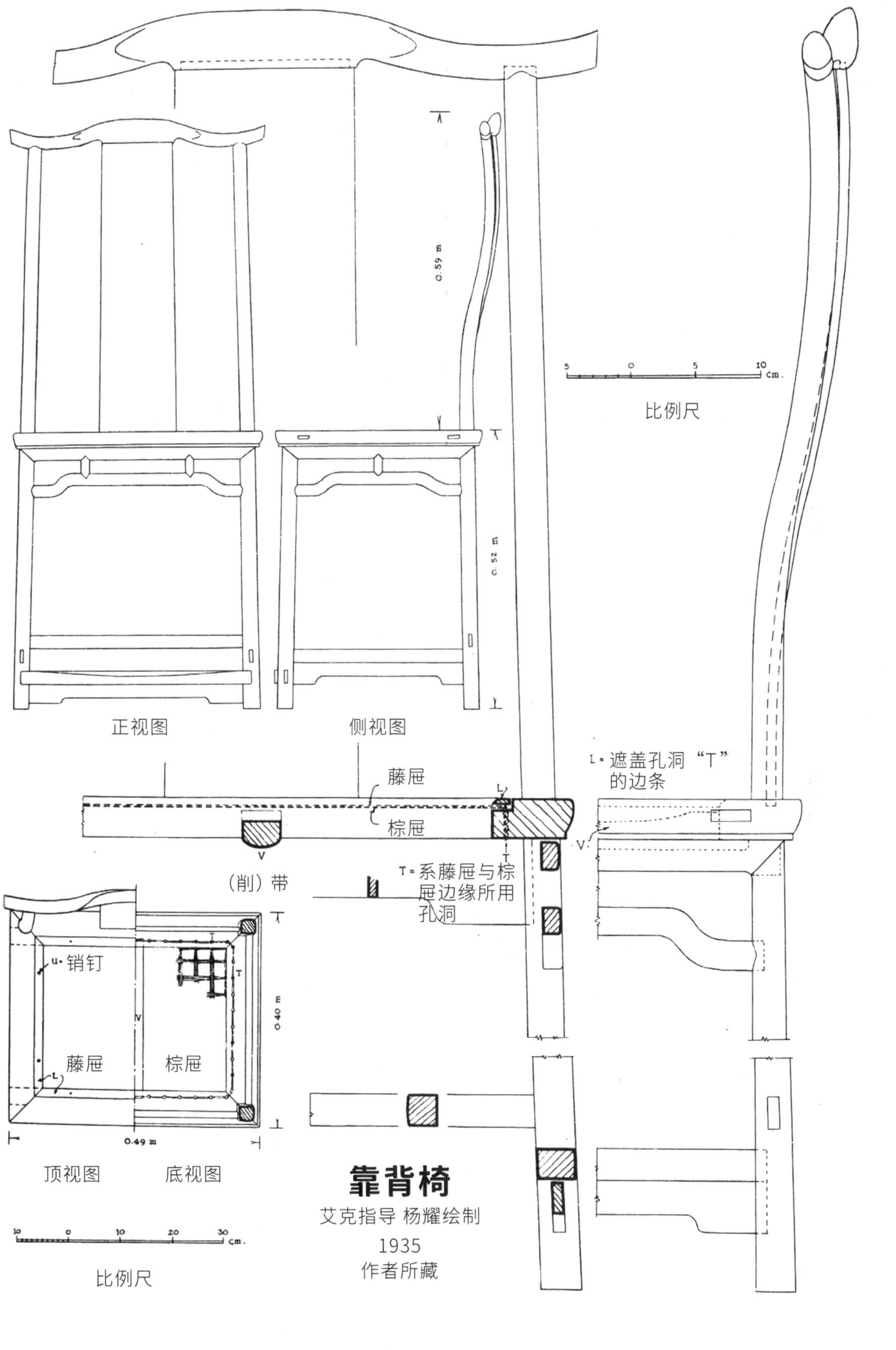

正视图

侧视图

0.59 m

0.52 m

比例尺

5　0　5　10
cm.

藤屉

棕屉

L = 遮盖孔洞 "T"
的边条

（削）带

T = 系藤屉与棕
屉边缘所用
孔洞

V

u = 销钉

T

藤屉　棕屉

0.40 m

L

0.49 m

顶视图　底视图

靠背椅
艾克指导 杨耀绘制
1935
作者所藏

10　0　10　20　30
cm.

比例尺

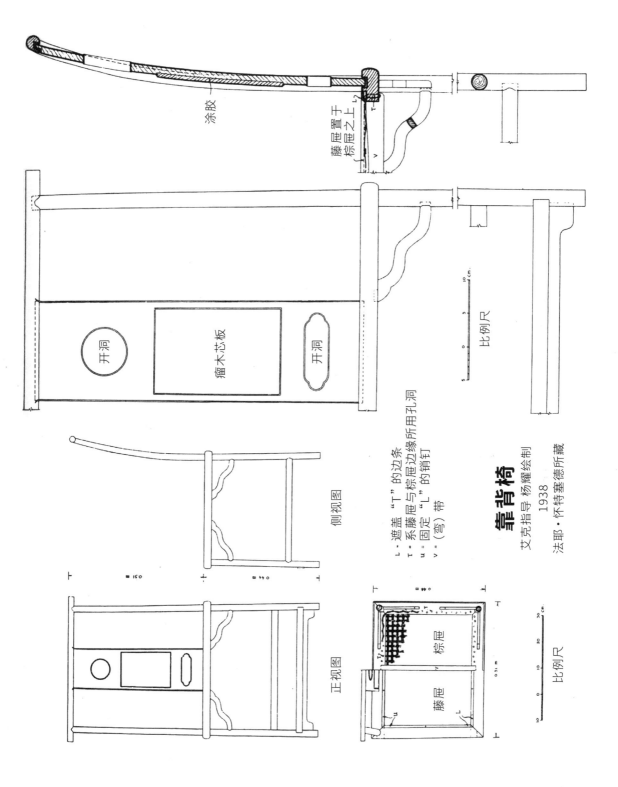

涂胶

藤屉置于
棕屉之上

开洞

瘿木芯板

开洞

比例尺

侧视图

L = 遮盖 "T" 的边条
T = 系藤屉与棕屉边缘所用孔洞
u = 固定 "L" 的销钉
v = (弯) 带

靠背椅

艾克指导 杨耀绘制

1938

法耶·怀特塞德所藏

正视图

藤屉

棕屉

比例尺

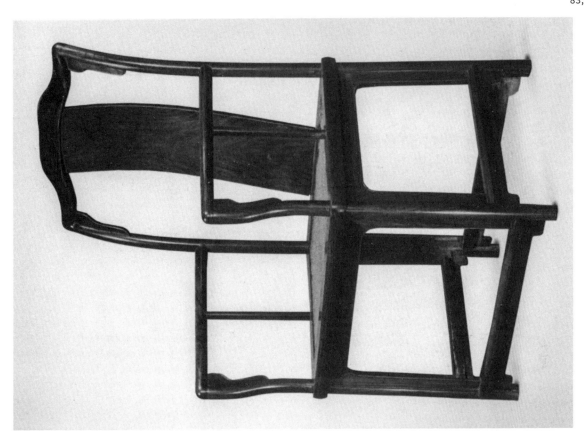

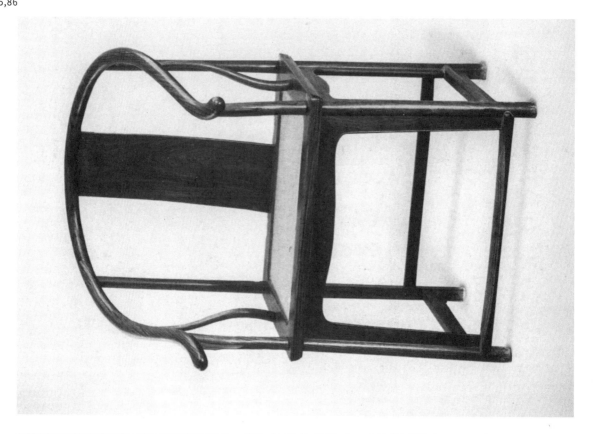

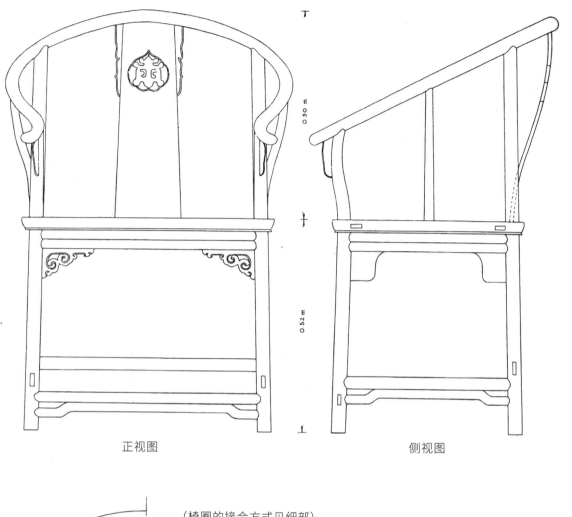

正视图   侧视图

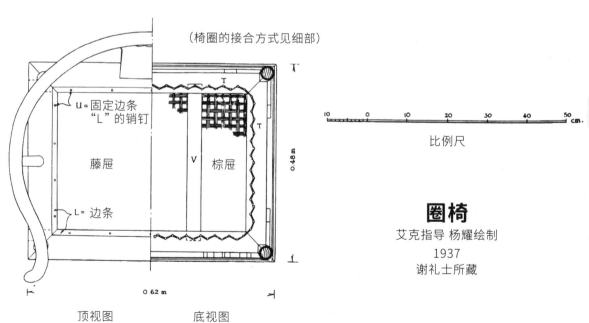

（椅圈的接合方式见细部）

u = 固定边条
"L" 的销钉

藤屉   棕屉

L = 边条

0.48 m

0.62 m

顶视图   底视图

比例尺

圈椅

艾克指导 杨耀绘制
1937
谢礼士所藏

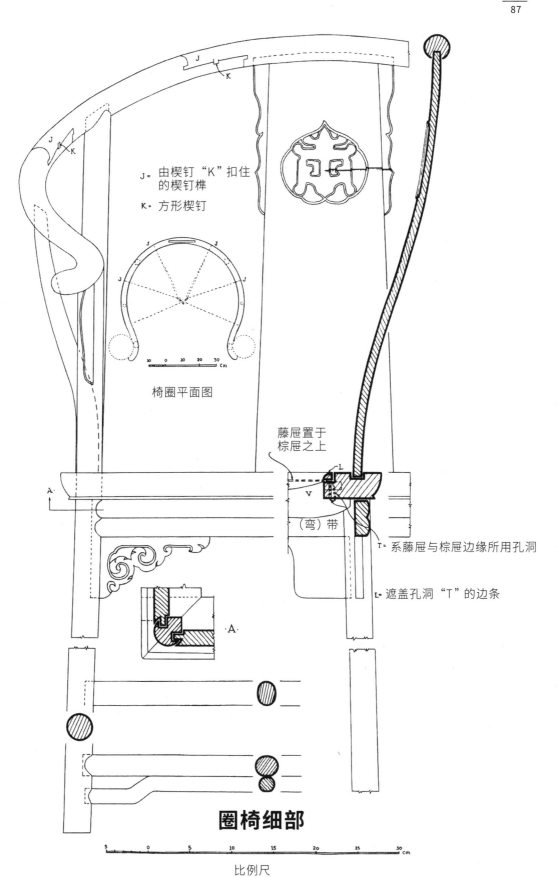

J- 由楔钉 "K" 扣住
的楔钉榫

K- 方形楔钉

椅圈平面图

藤屉置于
棕屉之上

（弯）带

T- 系藤屉与棕屉边缘所用孔洞

L- 遮盖孔洞 "T" 的边条

圈椅细部

比例尺

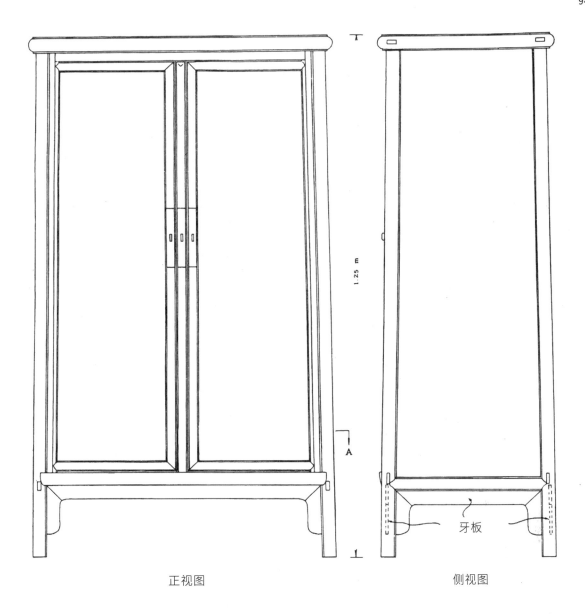

1.25 m

A

正视图

侧视图

牙板

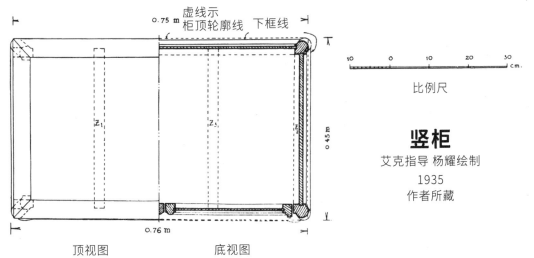

虚线示
0.75 m
柜顶轮廓线 下框线

Z_1

Z_2

Z_3

0.45 m

0.76 m

顶视图

底视图

10   0   10   20   30
cm.

比例尺

竖柜
艾克指导 杨耀绘制
1935
作者所藏

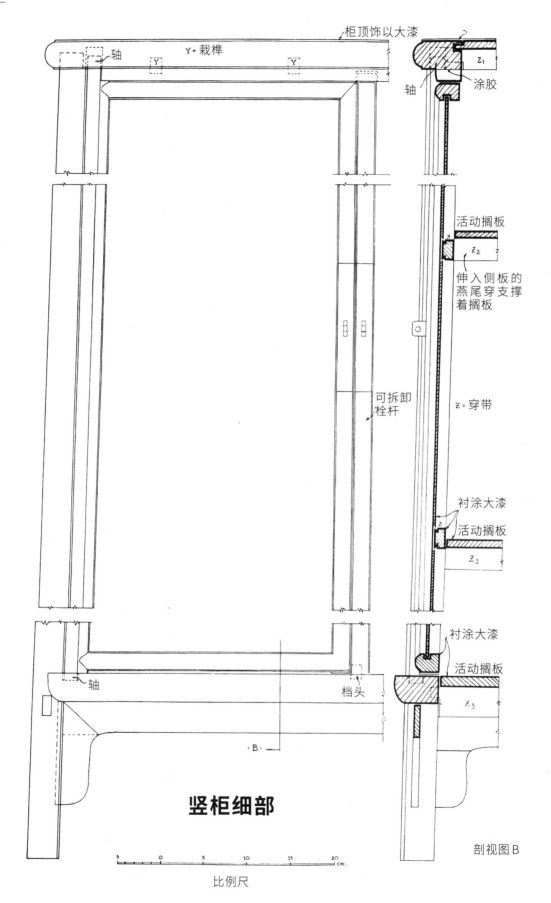

柜顶饰以大漆

Y-栽榫

轴

z_1

涂胶

轴

活动搁板

z_2

伸入侧板的
燕尾穿支撑
着搁板

z = 穿带

衬涂大漆

活动搁板

z_2

可拆卸
栓杆

衬涂大漆

活动搁板

z_3

轴

档头

竖柜细部

剖视图 B

比例尺

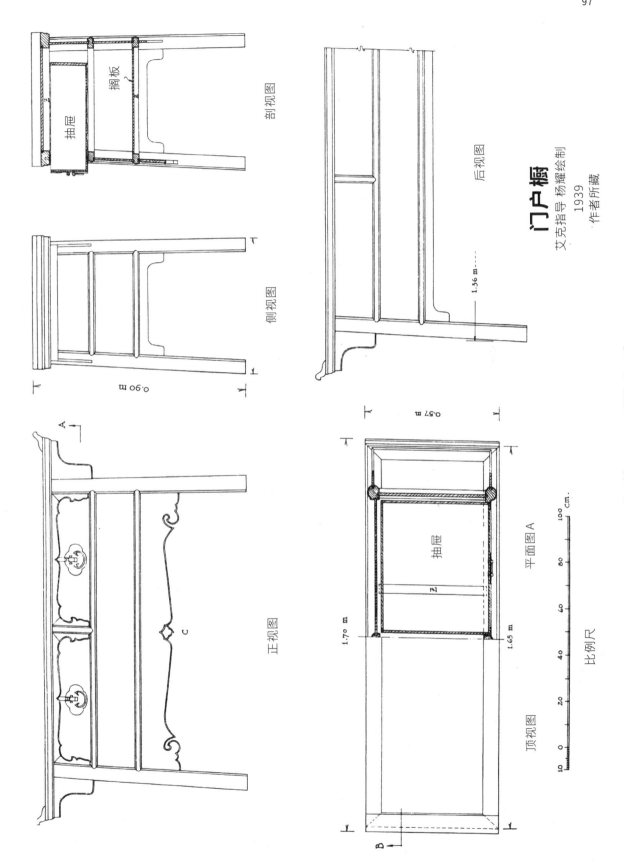

剖视图

抽屉

搁板

侧视图

0.90 m

正视图

后视图

1.56 m

门户橱
艾克指导 杨耀绘制
1939
作者所藏

0.57 m

平面图A

抽屉

1.70 m

1.65 m

顶视图

比例尺

100 cm.

80

60

40

20

10

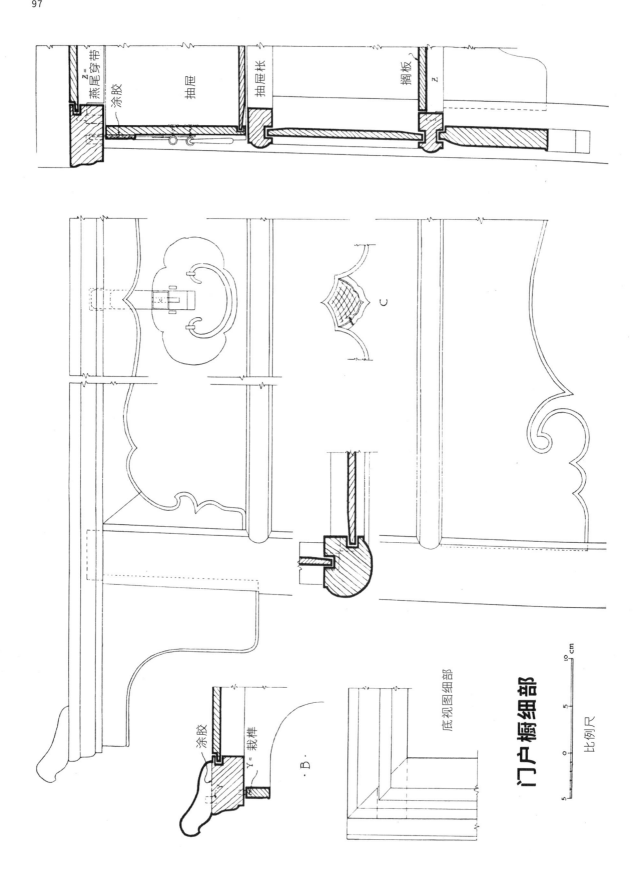

燕尾穿带

涂胶

抽屉

抽屉帮

搁板

C

涂胶

Y=栽榫

·B·

底视图细部

门户橱细部

比例尺

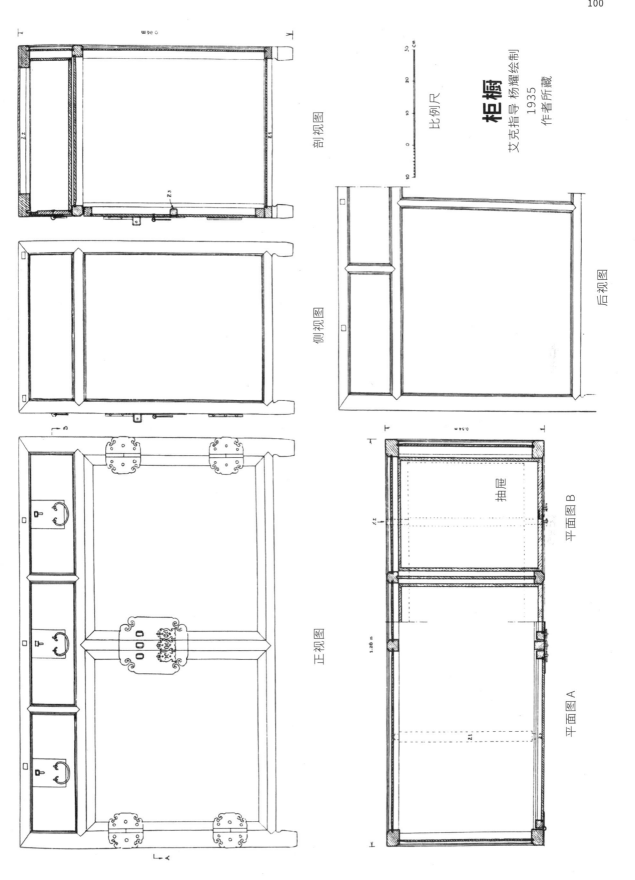

正视图

侧视图

剖视图

后视图

平面图A

平面图B

抽屉

柜橱
艾克指导 杨耀绘制
1935
作者所藏

比例尺

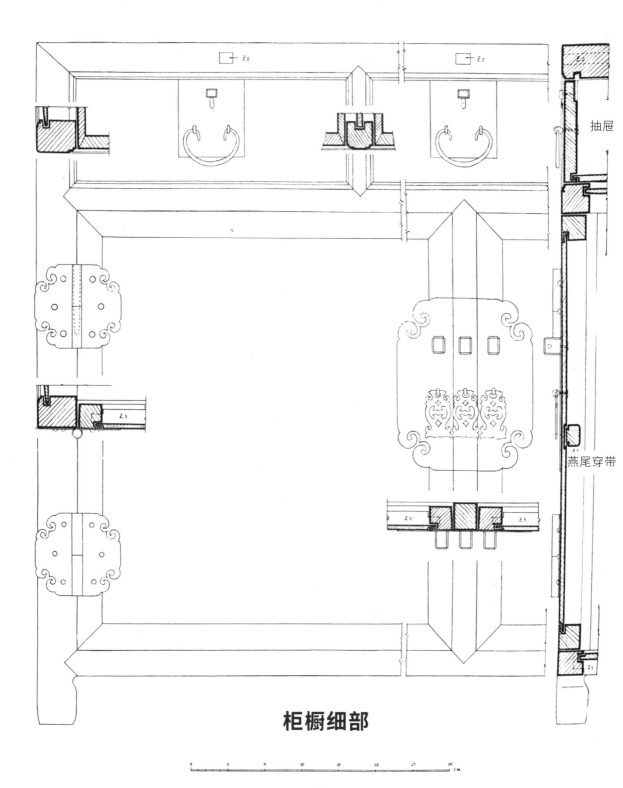

抽屉

燕尾穿带

柜橱细部

比例尺

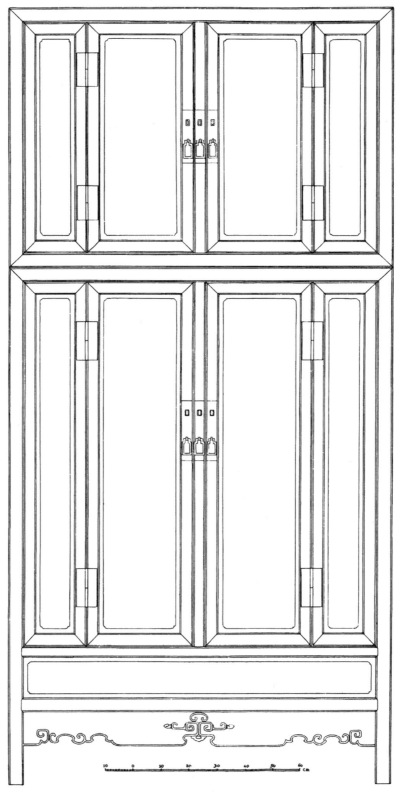

顶竖柜

艾克指导 杨耀绘制

1936

作者所藏

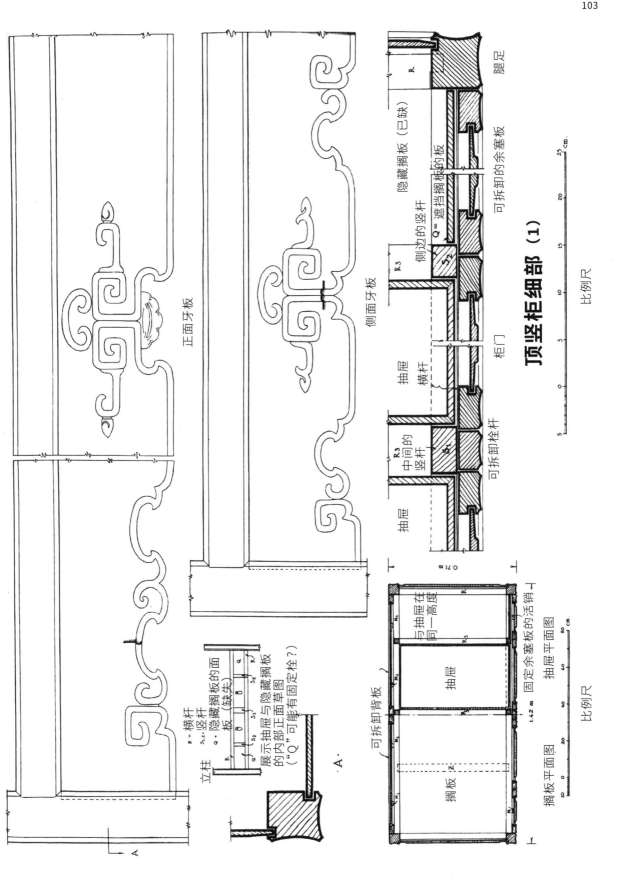

正面牙板

侧面牙板

顶竖柜细部 (1)

比例尺

腿足

隐藏搁板（已缺）

可拆卸的余塞板

Q＝遮挡搁板的板

侧边的竖杆

R 3

S₂

抽屉

柜门

横杆

中间的竖杆

R 3

S₁

抽屉

可拆卸栓杆

抽屉

立柱

横杆 R＝

竖杆 S₁,₁＝

隐藏搁板的面 Q＝

板（缺失）

展示抽屉与隐藏搁板

的内部正面草图

（"Q"可能有固定栓？）

·A·

可拆卸背板

与抽屉在

同一高度

固定余塞板的活销

抽屉平面图

搁板平面图

抽屉

搁板

比例尺

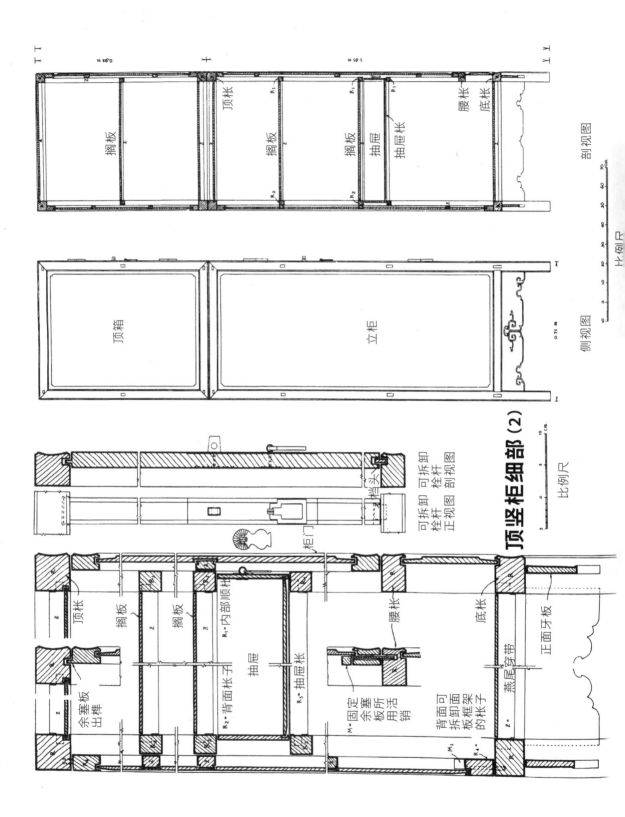

剖视图

比例尺

侧视图

顶箱

立柜

顶枨

搁板

R₁

R₁ R₁

R₂

抽屉

抽屉枨

腰枨

底枨

顶竖柜细部 (2)

比例尺

可拆卸 可拆卸
栓杆 栓杆
正视图 剖视图

档头

柜门

顶枨

搁板

搁板

Z

R₁=内部顺枨

抽屉

腰枨

底枨

余塞板
出榫

背面可
拆卸面
板框架
的枨子

R₂=背面枨子子

R₃=抽屉枨

M=固定
余塞
板所
用活
销

燕尾穿带

正面牙板

Z=

M₁

R₄=

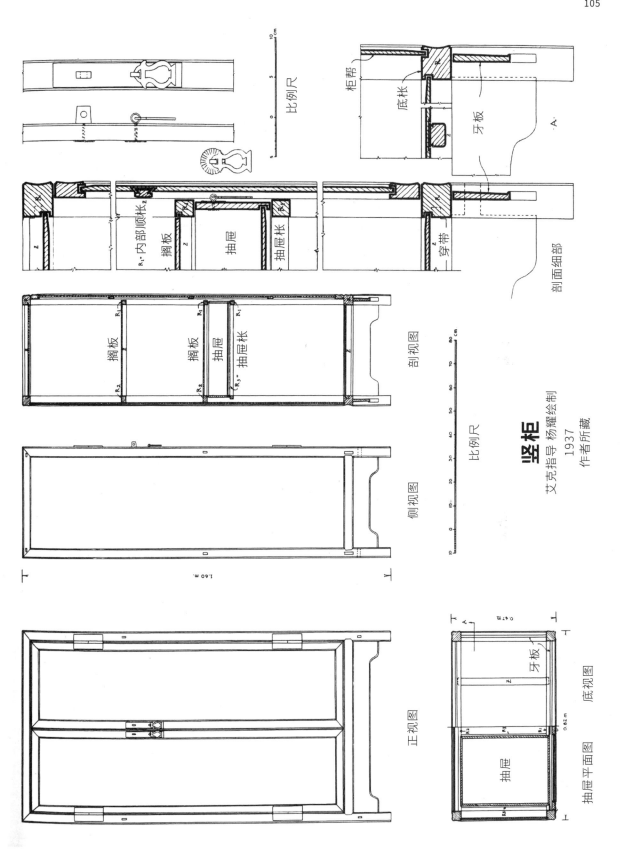

比例尺

柜帮

底枨

牙板

A.

R_1 内部顺枨 $_2$

搁板

抽屉

抽屉枨

穿带

剖面细部

剖视图

搁板

搁板

抽屉

R_2

R_2

R_3 抽屉枨

侧视图

比例尺

竖柜

艾克指导 杨耀绘制
1937
作者所藏

1.60 m.

正视图

牙板

底视图

抽屉

抽屉平面图

0.47 m.

0.82 m.

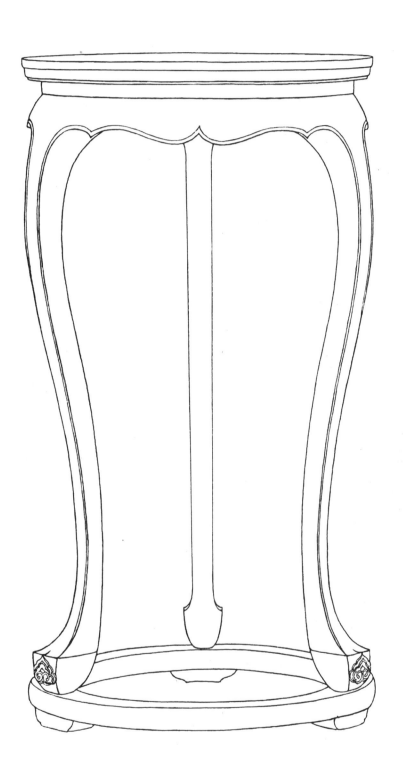

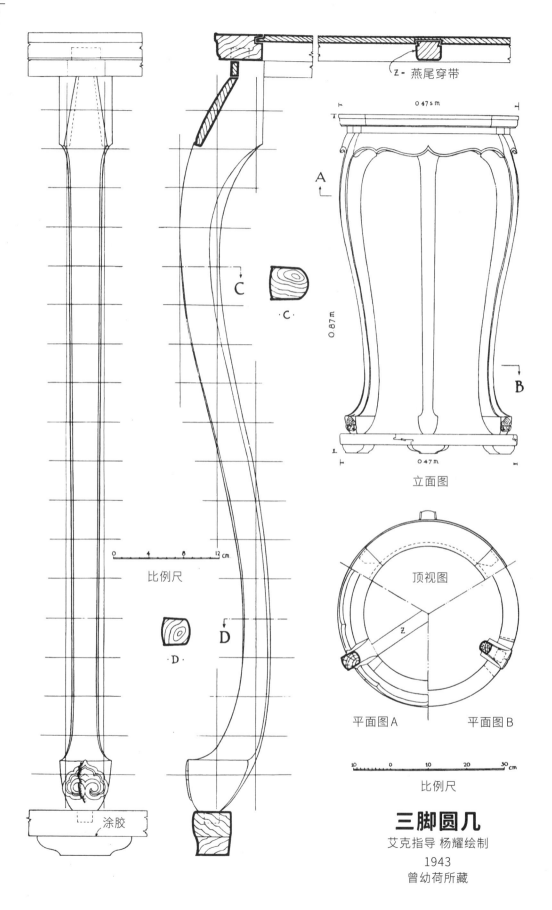

Z- 燕尾穿带

0.475m

A

0.87m

B

C

C

0.47m

立面图

比例尺

0 4 8 12 cm

D

D

顶视图

Z

平面图A　　　平面图B

比例尺

10 0 10 20 30 cm

涂胶

三脚圆几
艾克指导 杨耀绘制
1943
曾幼荷所藏

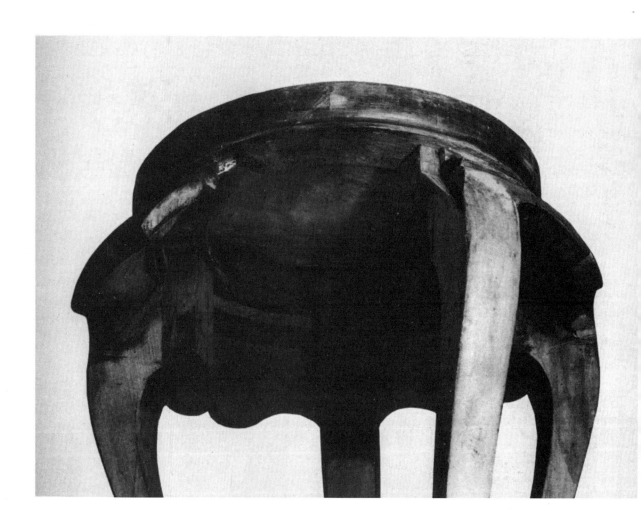

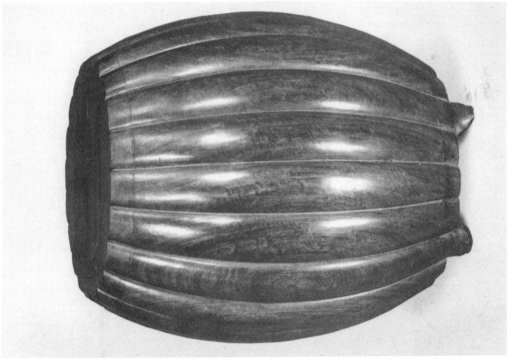

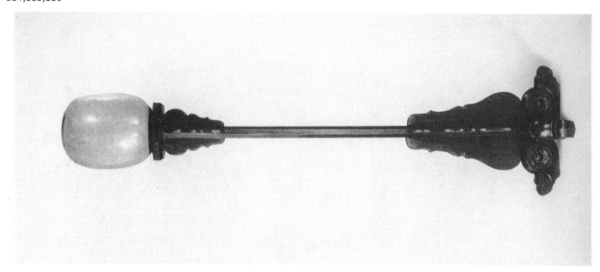

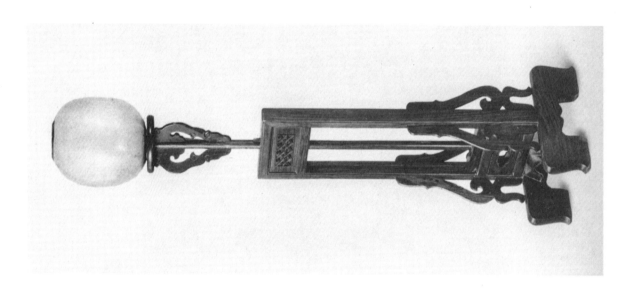

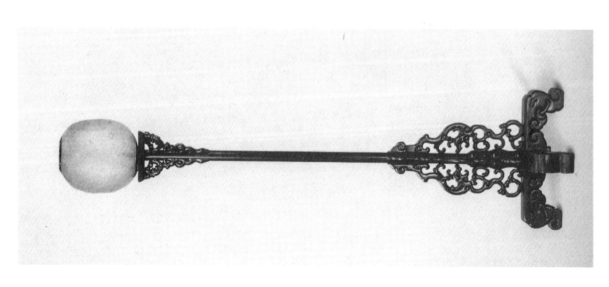

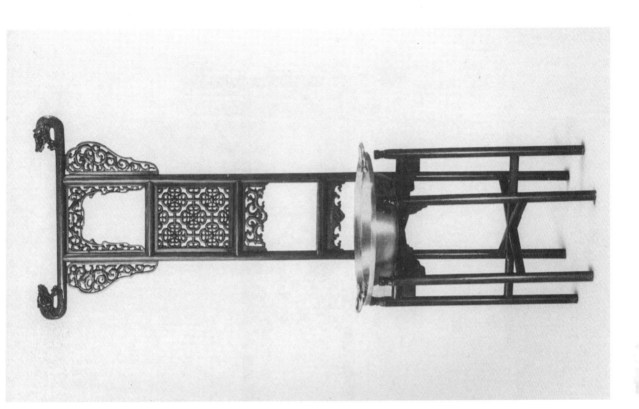

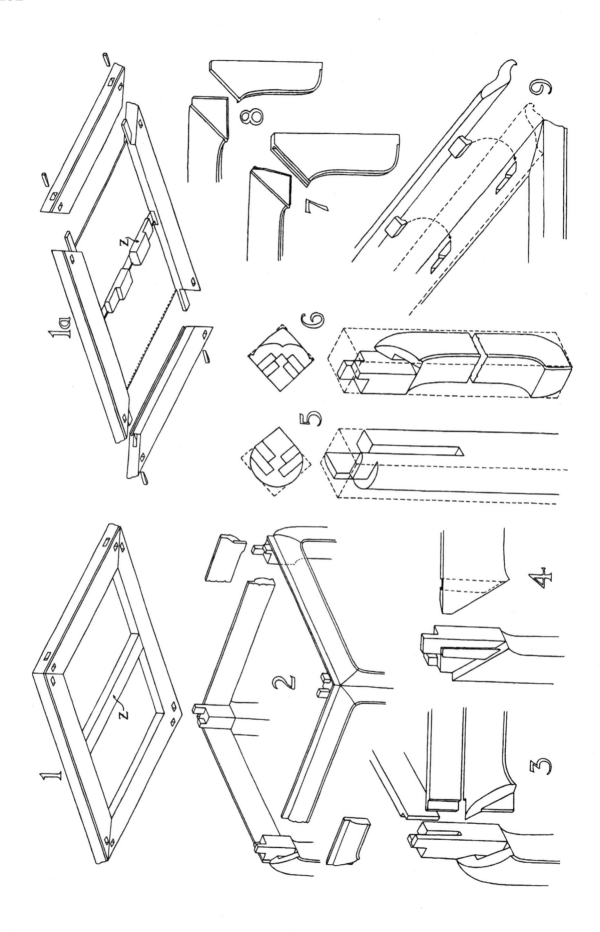

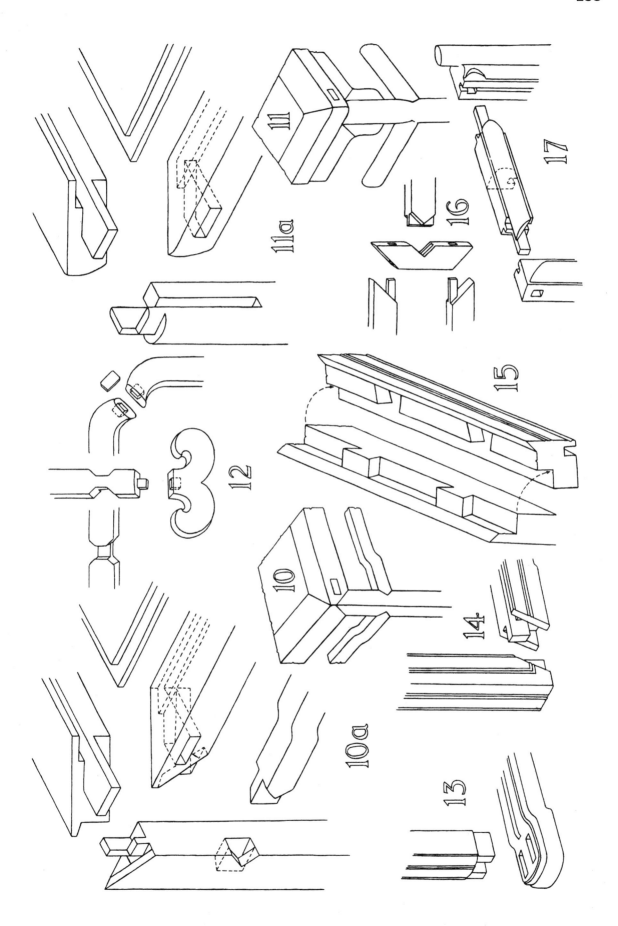

154

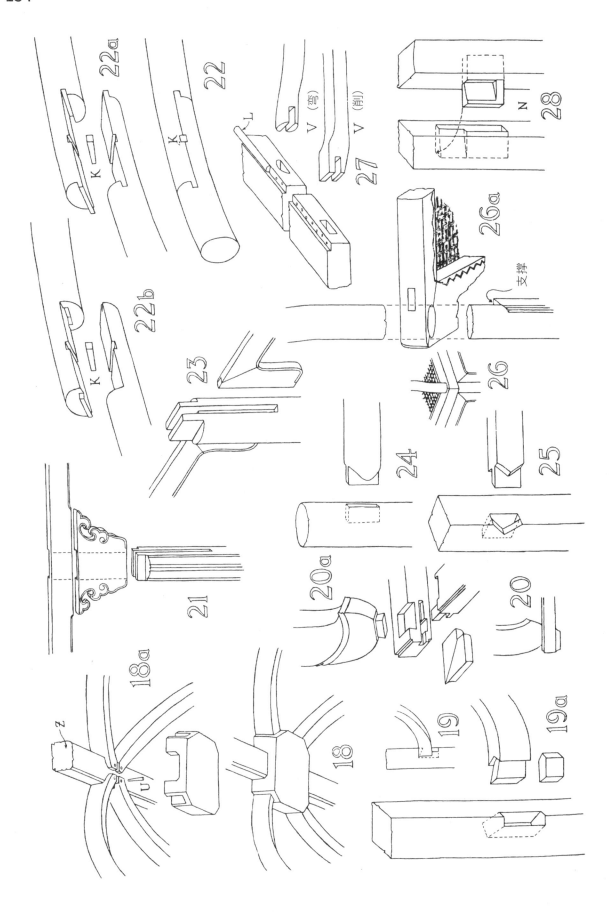

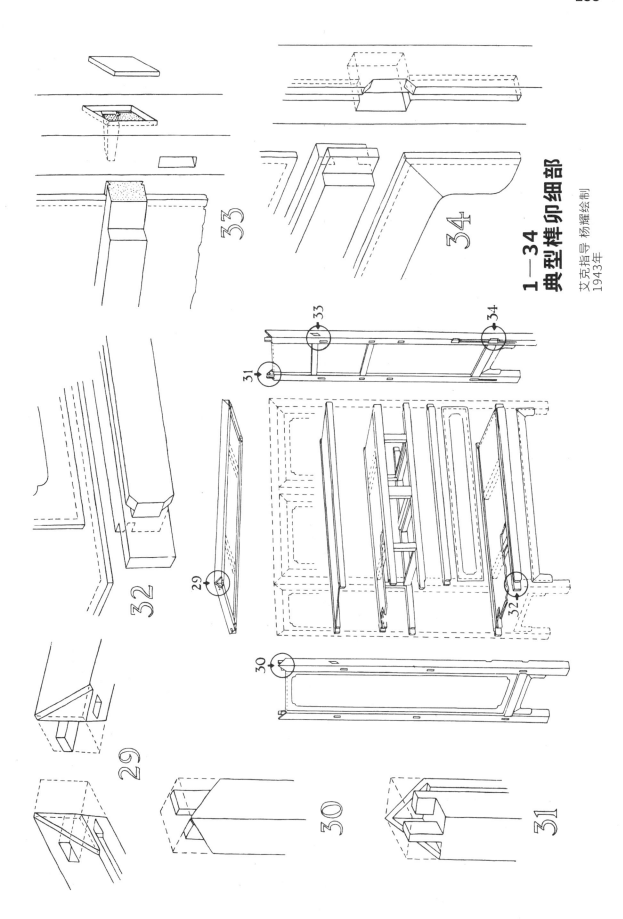

1—34
典型榫卯细部

艾克指导 杨耀绘制
1943年

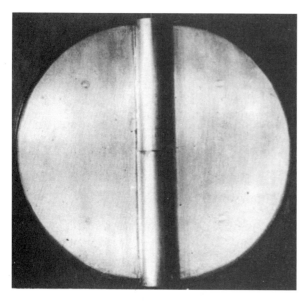

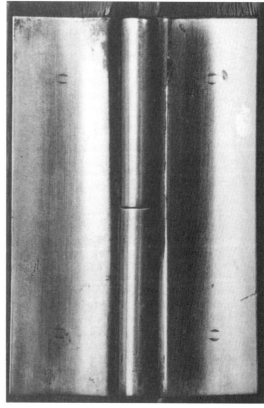

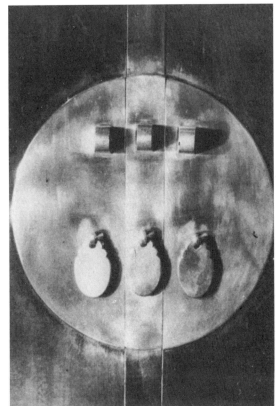

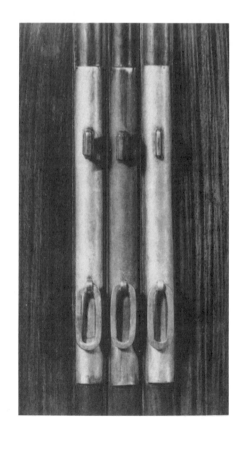

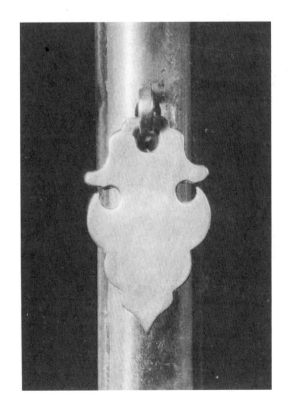

97a, 100, 109a, 108

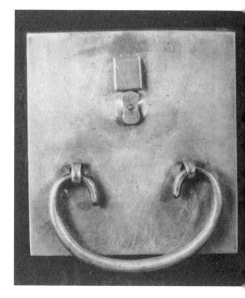

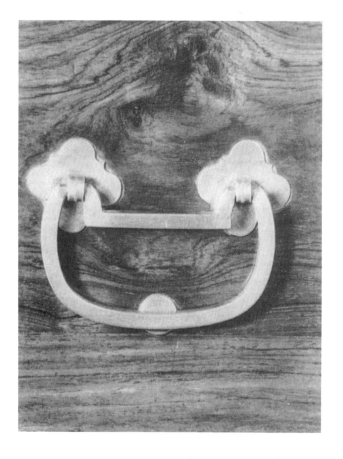

「本系列已出版图书」

西洋镜　Mook

扫码关注
获取更多新书信息